U0614224

探索与发现 **奥秘**
TANSUO YU FAXIAN AOMI

动物世界
大猎奇

李华金◎主编

时代出版传媒股份有限公司
安徽美术出版社
全国百佳图书出版单位

图书在版编目（CIP）数据

动物世界大猎奇/李华金主编. —合肥：安徽美术出版社，
2013.3（2021.11重印）（探索与发现.奥秘）
ISBN 978－7－5398－4264－6

Ⅰ.①动… Ⅱ.①李… Ⅲ.①动物－青年读物②动物－
少年读物 Ⅳ.①Q95－49

中国版本图书馆 CIP 数据核字（2013）第 044183 号

探索与发现·奥秘
动物世界大猎奇

李华金 主编

出 版 人：王训海
责任编辑：倪雯莹
责任校对：张婷婷
封面设计：三棵树设计工作组
版式设计：李　超
责任印制：缪振光
出版发行：时代出版传媒股份有限公司
　　　　　安徽美术出版社（http://www.ahmscbs.com）
地　　址：合肥市政务文化新区翡翠路 1118 号出版传媒广场 14 层
邮　　编：230071
销售热线：0551－63533604　0551－63533690
印　　制：河北省三河市人民印务有限公司
开　　本：787mm×1092mm　　1/16　　印 张：14
版　　次：2013 年 4 月第 1 版　　2021 年 11 月第 3 次印刷
书　　号：ISBN 978－7－5398－4264－6
定　　价：42.00 元

{PREFACE}

动物世界大猎奇

　　宛如纱衣仙子的水母在大海中游动，悠然自得；挥舞着八条长臂的章鱼又开始追捕新的猎物；壁虎像蜘蛛侠一般飞檐走壁；射水鱼凭借高明的射水枪法击落了一只飞过的昆虫；金丝燕又在崖壁上施展它的筑巢绝技了。在这个精彩纷呈的动物世界里，这些事每天都会发生。

　　然而栖息于印度尼西亚和越南的爪哇犀牛，剩余不到60只；墨西哥小头鼠海豚栖息在加利福尼亚湾，野外剩余约150只；金头猴栖息于越南，剩余少于70只。看着这些少得可怜的数字，最应该反思的就是人类。

　　地球上除了人类之外，还有很多生物，动物是自然界生物中的一类。动物的分类方法有很多，根据体内有无脊柱，我们可以将所有动物分为脊椎动物和无脊椎动物两大类。无脊椎动物占世界上所有动物的90%以上，脊椎动物包括鱼类、两栖类、爬行类、鸟类、哺乳类五大种类。本书共分七章：第一章无脊椎动物，第二章两栖动物与爬行动物，第三章鱼类，第四章鸟类，第五章哺乳动物，第六章奇特的动物技能，第七章动物世界未解之谜。

要知道：地球不仅仅属于人类，也属于这些宝贵的生命，我们应该给所有的动物留出生存的空间。但是大象的牙、犀牛的角、老虎的皮、熊的胆、鸟的羽毛、海龟的蛋、海豹的油、藏羚羊的绒，更多更多的是野生动物的肉，无不成为人类的商品。看看这个神奇世界里的可爱动物吧，它们需要我们来保护和拯救！

CONTENTS

目录 动物世界大猎奇

动物世界未解之谜

无脊椎动物

大约6亿年前，在地质学上被称为寒武纪的时期，绝大多数无脊椎动物门在很短时间内出现了。这种几乎是"同时"地、"突然"地出现在寒武纪地层中门类众多的无脊椎动物化石的现象，被古生物学家称作"寒武纪生命大爆发"，其至今仍被国际学术界列为"十大科学难题"之一。而在寒武纪之前更为古老的地层中却找不到动物的化石，无脊椎动物在带给我们难题的同时，也带来了几分神秘，难道它们真的没有骨骼吗？其实，它们拥有一种特殊的水骨骼。除了软体动物、棘皮动物和节肢动物外，其他无脊椎动物都拥有水骨骼。

◑ 概　述

　　无脊椎动物是指背侧没有脊柱的动物，其种类数占动物总种类数的95%。它们是动物的原始形式，是动物界中除原生动物界和脊椎动物亚门以外全部门类的通称。无脊柱的动物，占现存动物的90%以上。分布于世界各地，在体形上，小至原生动物，大至庞然巨物的鱿鱼，都是无脊椎动物。它们一般身体柔软，无坚硬的能附着肌肉的内骨骼，但常有坚硬的外骨骼（如大部分软体动物、甲壳动物及昆虫），用以附着肌肉及保护身体。除了没有脊椎这一点外，无脊椎动物内部并没有多少共同之处。无脊椎动物这个分类学名词以前用于与脊椎动物（该词至今仍为一个亚门的名称）相对，但在现代分类法上已经不用。

◆拓展阅读◆

外骨骼与内骨骼

　　外骨骼是一种能够对生物柔软内部器官进行构型、建筑和保护的坚硬的外部结构，指的是甲壳等坚硬组织。蜗牛的壳，螃蟹的外壳，昆虫的角质层都属于外骨骼。内骨骼存在于脊椎动物、半脊椎动物、棘皮动物和多孔动物中，在内部起支撑作用。多孔动物的内骨骼并不是中胚层起源的；棘皮动物的内骨骼是由$CaCO_3$和蛋白质组成的，这些化学物晶体按同一方向排列。

无脊椎动物的种类非常庞杂，现存约100 余万种（脊椎动物约 5 万种），已灭绝的种类则更多。它包括的门数因动物学的发展而不断增加。对动物的各个方面研究得愈加详尽，人们对其彼此间亲缘关系的认识也愈加深入，因而各门的分类地位常有变动。

无脊椎动物化石

◨▸ 形形色色的无脊椎动物

◎背着 "房子" 流浪的寄居蟹

我们到海边去，常常可以看到背着螺壳的寄居蟹在沙滩上爬来爬去。当有人捉它时，它就会把身体缩进螺壳里。寄居蟹的"房子"是海螺留下的空壳儿，寄居蟹钻入螺壳，用尾巴把身体后端勾在螺壳顶尖，身子缩在螺壳里面，用两只大螯足封住"门口"。这个"房子"，既安全又舒适，而且"房子"是活动的，可以任它背着四处流浪。寄居蟹每蜕一次皮，身体就长大一些，就要换一个合适的新螺壳，不过要比以前的螺壳大一些。它调换"住房"是很谨慎的，遇到大小合适的螺壳，它

寄 居 蟹

先用螯足轻轻敲几下，然后再伸进壳探寻一番，感到满意后就免费搬进"新居"，所以有人叫它"白住屋"。

基本小知识

螯 足

螯足是节肢动物变形的步足，其倒数第二节的突起与末节形成钳，特称螯足。用来取食或御敌，如蟹类的第一对步足，虾类的第一、二对或第三对步足。

◎ "昆虫建筑师"——胡蜂

胡蜂俗称马蜂或黄蜂，是著名的"昆虫建筑师"。它比蜜蜂大，虽然它不能分泌蜂蜡作建筑材料，但它能用自己咀嚼过的木屑和其他碎片，拌之以自己的唾液，作为筑巢的材料，胡蜂的窝一般建在屋檐或树枝下，巢呈六角形或莲蓬形。

胡 蜂

知识小链接

蜂 蜡

蜂蜡是工蜂腹部下面四对蜡腺分泌的物质，其主要成分有：酸类、游离脂肪酸、游离脂肪醇和碳水化合物。此外，还有类胡萝卜素、维生素A、芳香物质等。蜂蜡在工农业生产上具有广泛的用途。如可用于制造蜡烛，食品的涂料，果树接木蜡，害虫粘着剂等。

胡蜂属于完全变态的动物，一生经历四个阶段：卵、幼虫、蛹、成虫，每个阶段的身体外观都不同。胡蜂喜欢光线，晚上如果看到外面有较强的灯光时，它们会飞向光源。胡蜂的成虫、幼虫和蜂巢都有很高的药用价值。胡蜂能捕食大量农业害虫。不过胡蜂的尾部有螯针，会螯伤人、畜。

◎ 海上 "活火箭" ——乌贼

乌贼又叫墨鱼、乌贼鱼，是一种比较低级的无脊椎动物，它属于软体动物门，头足纲。其实乌贼不是鱼，而是一种贝类，只不过它的贝壳已经退化，变成了白色的内骨骼。

乌贼的头上有一对发达的眼睛，有 10 条腕长在嘴的周围。其中有两条腕很长，用来捕食，腕的内侧有许多能吸住物体的突

你知道吗

墨囊

墨囊，是乌贼等软体动物体内能分泌黑色汁液的囊状器官，为乌贼、章鱼所特有的结构，是一种梨形的囊。这种囊只有一个，位于外套腔顶端附近正中线上，其中贮有小型墨腺的分泌物，必要时分泌物经墨管在肛门附近与从外套腔排出的水一起排放到外界。

起，叫吸盘。它行动敏捷，最快每小时能游 150 千米，有时还会冲出海面，滑翔几十米，所以有海上"活火箭"的称号。

乌贼平时依靠身体后部的三角形鳍做波浪式的运动而缓慢游动；如果遇到危险或者追猎食物时，它便猛烈地收缩外套腔，将海水从前腹部的喷水管喷射出去，顿时产生巨大的推进力。乌贼借着这股强大的力量，迅速地向后运动，并放出烟幕。它体内有一个墨囊，里边充满黑色汁液，当身体猛烈收缩时，墨汁便排挤出来，使海

乌　贼

水变黑，以此迷惑敌人，掩护自己脱险，所以被叫作"乌贼"。

◎知了声声催——蝉

我们经常能发现，天气越闷热蝉发出"知了，知了"的叫声就越频繁。蝉的叫声是成年雄蝉求偶时发出的声音，而雌蝉是没有发声器官的。雄蝉的腹部两侧长有两个小孔穴，上面覆着盖片。孔穴里有鼓膜和完美的扩音系统——由两片褶膜，一个音响板和一个通风管组成。蝉在高歌时，用肌肉徐徐颤动，扯动鼓膜，振动空气，发出颤音在褶膜里扩大，然后它从音响板上反弹

趣味点击　十七年蝉

十七年蝉，同翅目，北美洲一种需穴居十七年才能化羽而出的蝉。它们在地底蛰伏十七年始出，而后附上树枝蜕皮然后交配。雄蝉交配后即死去，母蝉亦于产卵后死去。科学家解释，十七年蝉的这种奇特的生活方式，为的是避免天敌的侵害并安全延续种群，因而演化出这样漫长而隐秘的成长过程。

回来，音量就变大了。接着，张开孔穴上的盖片，声音就传扬开来。

蝉生活在树上，以吃嫩树叶为生。蝉是世界上寿命最长的一种昆虫，可它的大部分时间以幼虫的形式在地下度过。一般要两三年，长的要五六年。而寿命最长的要数美洲的十七年蝉。

◎令人讨厌的苍蝇

苍蝇是危害人类健康的害虫之一。苍蝇的一生，要经过卵、幼虫、蛹和成蝇四个阶段。苍蝇的幼虫是白色的蛆，

蝉

生长在粪便、垃圾中，在5天左右的几次蜕皮后，它就会钻到附近的土中化成蛹。蛹成熟后再脱一层壳，就变成了成蝇。苍蝇喜欢追逐腐臭的东西，满身都是病菌。苍蝇有着惊人的味觉，它的味觉感受器不仅长在嘴上，而且在腿上也长有无数味觉毛。当发现食物时，苍蝇先

苍　蝇

是用脚上去踩一下，很快就知道食物是否适合自己胃口。接着就放下喙进食了。一只苍蝇身上有很多病菌，会传播痢疾、伤寒、肠炎、肺结核等多种疾病。

知识小链接

伤　寒

伤寒是由伤寒杆菌引起的急性消化道传染病。伤寒杆菌感染后是否发病与细菌数量、毒力、机体免疫力等因素有关。如胃酸过低、营养不良、贫血、低蛋白血症等也是造成伤寒发病的因素。男女老幼均可能发病，饮食卫生较差者，无伤寒特异免疫力而去伤寒高发地的人容易发病。伤寒主要分为：普通型，轻型，暴发型，迁延型，逍遥型，顿挫型。

◎ "蛀蚀能手" ——白蚁

白蚁也叫虫尉，俗称大水蚁，白蚁并不属于蚂蚁家族，它属于另外一种完全不同的昆虫种类——等翅目。白蚁是群栖性昆虫，主要分布于热带和温

白　蚁

带。在白蚁家族中，每个成员都有为整个家族服务的专职工作，蚁王、蚁后只管交配产卵，生养后代；工蚁只管做工，它们的主要活动是蛀蚀木材、运送食物、修建巢穴、照看幼虫；兵蚁则只管防御，它们的任务是站岗放哨，保卫家园。

　　白蚁是蛀蚀木材的大害虫。它不仅危害房屋、铁路枕木、电杆木和桥梁，还危害书籍、衣服等物品。为什么白蚁喜欢蛀蚀木材呢？原来木材的主要成分是纤维素和木质素，白蚁本身不能分解纤维素，但在白蚁的肠子里有一种白蚁寄生原虫，这种寄生虫可以把白蚁蛀的木质纤维分解成酶。这样木质纤维就可以被白蚁当成养料消化吸收了。

基本小知识

木　质　素

　　木质素是构成植物细胞壁的成分之一，具有使细胞相连的作用。在植物组织中，具有增强细胞壁及黏合纤维的作用。其组成与性质比较复杂，并具有极强的活性，不能被动物直接消化吸收，在土壤中能转化成腐殖质。

◎ "纱衣仙子" ——水母

　　水母是无脊椎动物，是海洋中重要的浮游生物，但寿命很短。水母是腔肠动物门中的一种，长得像一把无色透明的降落伞。伞缘伸出许多触手，能灵活地在水下捕捉食物，而且这些触手中含有钙质的平衡小石，它与神经系

水　母

统相连，掌管着水母在水中的听觉。水母的身体有 95% 以上都是水份，其他则是由蛋白质和脂质构成。水母具有三胚层。最外层是表皮层，最内层是胃皮层，由胃皮层构成简单的体腔，只有一个开口，兼具口及排泄的功能，在表皮层及胃皮层之间则是中胶层。

有一种最毒的水母，分布在澳大利亚昆士兰地区的河流和浅海中。这种水母能产生一种毒害神经的汁液，其毒性强度几乎和眼镜蛇相当。

还有一种淡水水母，分布在我国南方各省的水域中，它们聚集在一起时，略呈淡红色，一团团，一簇簇，很像落在水中的桃花瓣，所以叫"桃花水母"。

◎ "大刀将军"——螳螂

螳螂也叫刀螂，是捕食害虫的能手，喜欢栖息在植物丛中。它那修长的身躯上，长着淡绿色薄似轻纱的长翼。前足的形状像两条长臂，臂上长着两排锐利的锯齿，后足细长，柔软的长颈上，顶着一个扁三角形的小脑袋。它那小小的嘴巴上，长着一对不显眼的紫色的颚。螳螂的腹部长而大，腰部有力，两对高跷似的长足行走敏捷。螳螂惯于偷袭黄蜂，它先瞄准，然后挥动刀钩，迅速扑击，速度非常快，前后只有 0.05 秒。有趣的是，

螳　螂

雌螳螂在受精后，会吃掉许多只雄螳螂。

螳螂的卵块，可药用，中药上称之为桑螵蛸，可治疗多种疾病。

◎八条长臂的怪物——章鱼

章鱼不是鱼类，而是软体动物，属于头足纲。它有8条像带子一样的长腕，弯弯曲曲地漂浮在水中，所以人们常常叫它"八带鱼"。

章鱼在一般情况下以蟹、蛤肉、虾和鲍鱼等为食，偶尔也会捕鱼吃。其实章鱼生性残忍好斗，力大无比又足智多谋，它的8条腕十分厉害，每条腕上约有300多个吸盘，吸盘的吸力很大。一旦物体被

章　鱼

它的腕缠住，就难以脱身。章鱼的腕有着高度的灵敏性。即使在它休息的时候，也总有两条腕在"值班"，不停地转动，这时如果轻微触动它的"值班腕"，它就会立刻跳起来，并像乌贼那样放出墨汁把自己隐藏起来。

趣味点击　吸盘

动物的吸附器官，一般呈圆形、中间凹陷的盘状。吸盘有吸附、摄食和运动等功能。

章鱼在受惊时全身会变成白色，发怒时又变成红色。章鱼还有很强的再生能力，如果敌人抓住它的腕，它会自动放弃腕，自己乘机溜走。第二天伤口就能长好，又会长出新的腕。章鱼还有一门绝招，就是它能离开海水在陆地上生活一段时间。

知识小链接

触 腕

　　头足纲十腕亚目动物所具有的 5 对腕中，第四对（从漏斗的对侧腹侧数起）较其他 4 对长得多，称之为触腕。其基部较细，末端增宽，在宽阔部的内面具有吸盘，环状肌与纵行肌很发达，伸缩自如。与体相附着的基部有囊，触腕可瞬间收缩于此囊中，具捕捉动物等功能。

◎ 能吐出胃的海星

　　海星是没有脊椎的动物。海星的种类很多，全世界共有 1 000 多种。海星的身体形状像一颗星星，身体扁平，中央部分叫作体盘，由体盘长出 5 条腕，腕上有几排末端有吸盘的管足。它身体向下的一面中央有口，向上的一面中央隆起，表面生满圆圆的小突起。海星有很强的再生能力，切去它身体的一小部分，它又会重新长出来，把它切成两半，它就可以长成两个海星。

海 星

　　海星主要捕食贝壳等软体动物。平时海星在海底慢行，一旦发现了食物，就用腕紧紧抓住猎物，用有吸盘的管足把紧闭的贝壳使劲打开，随后从口中翻出胃，包住贝壳的身体，分泌消化液进行消化吸食。海星能消化比自身大好几倍的食物。

◎ 百脚蜈蚣

　　蜈蚣是蠕虫形的陆生节肢动物，属节肢动物门蜃足纲。它身体扁平且分

蜈　蚣

节，脑不发达，仅是一个较大的神经节，上面的神经支节分布在头部的触角和眼里，"指挥"这些感觉器官。另外头部还有一个咽下神经节，从那里分出一些神经通到蜈蚣头部的其他附肢上。蜈蚣身体每一节里都有神经节，这些神经节除了与脑部的神经节相连，还有一定独立的"指挥"能力：即使把它切成几段，各个部分也照样能活动一段时间。

蜈蚣身体的每个节上都长出一对足，所以又叫"百足之虫"，它的第一对足叫颚足，长有利爪和毒腺，用来捕食小动物和螫人。一旦人被咬伤，毒腺里的毒液进入伤口，就会使人感到剧痛。它的最后一对足向后伸展，是用来爬行的，叫步足。蜈蚣喜栖于潮湿阴暗的地方。蜈蚣为常用中药材，性温、味辛、有毒，具有息风镇痉、攻毒散结、通络止痛的攻效。蜈蚣与蛇、蝎、壁虎、蟾蜍并称"五毒"。

你知道吗

神　经　节

神经节是功能相同的神经元细胞体在中枢以外的周围部位集合而成的结节状构造，表面包有一层结缔组织膜，其中含血管、神经和脂肪细胞。被膜和周围神经的外膜、神经束膜连在一起，并深入神经节内形成神经节中的网状支架。神经节通过神经纤维与脑、脊髓相联系。

◎昆虫王国里的　"西施" ——蝴蝶

蝴蝶是人们喜爱的昆虫。全世界的蝶类大约有 14 000 种。大部分种类分布于南、北美洲，而以南美的亚马逊河流域最为集中。我国蝶类大约在 1 300 种以上。

蝶类属于鳞翅目锤角亚目，根据形态又可以分为异蝶、凤蝶、粉蝶、眼蝶、斑蝶、灰蝶、绢蝶等科。在昆虫学上，蝶类是完全变态的昆虫，它的一生要经过卵、幼虫、蛹、成虫 4 个阶段。会飞的蝴蝶是它的成虫阶段。

蝴　蝶

蝶类的触角端部加粗，翅宽大，停歇时翅竖立于背上。蝶类触角为棒形，触角端部各节粗壮，成棒锤状。口器是下口式；足是步行足；翅是鳞翅；属于全变态。体和翅被扁平的鳞状毛覆盖。腹部瘦长。蝶类白天活动，成虫吸食花蜜或腐败液体；大多数种类的幼虫以杂草或野生植物为食。蝶类翅色绚丽多彩，人们往往把它们作为观赏昆虫。蝴蝶翅膀上的鳞片不仅能使蝴蝶艳丽无比，还是蝴蝶的一件雨衣。因为蝴蝶翅膀的鳞片里含有丰富的脂肪，能把蝴蝶保护起来，所以即使下小雨时，蝴蝶也能飞行。

基本小知识

鳞 翅 目

鳞翅目包括蛾、蝶两类昆虫，属有翅亚纲、全变态类。全世界已知约 20 万种，中国已知约 8 000 种。该目为昆虫纲中仅次于鞘翅目的第二个大目。分布范围极广，以热带种类最为丰富。绝大多数种类的幼虫危害各类栽培植物，体形较大者常食叶片，也会钻蛀枝干；体形较小者往往卷叶、缀叶、结鞘、吐丝结网或钻入植物组织取食。

◎ 大自然的明灯——萤火虫

全世界约有 2 000 种萤火虫，萤火虫属于鞘翅目的萤科。成虫在 6 月间产卵再孵化成幼虫，萤的幼虫体色灰褐，两端尖细，上下扁平，形似纺织机上的梭子，尾端能发光。大多数成虫阶段的雌萤缺翅或无翅，不能飞翔，外形与幼虫差不多，也能发荧光，夏夜飞舞着的闪

趣味点击 荧光素

荧光素是具有光致荧光特性的染料，荧光染料种类很多。目前常用于标记抗体的荧光素有以下几种：异硫氰酸荧光素、四乙基罗丹明、四甲基异硫氰酸罗丹明。酶作用后产生荧光的物质。

光的萤火虫，都是提着"灯笼"在找"对象"的雄萤。成虫完全不取食，攻击、捕食蜗牛的是萤的幼虫。

为什么萤火虫会发光呢？这是因为它的尾部有个发光器，里面的腺细胞会分泌出一种含磷质的黏液——荧光素，在萤光酶和氧的催化作用下，氧化后就发出光来。

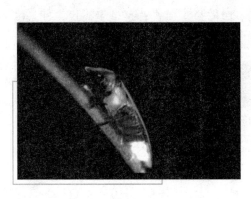

萤 火 虫

◎ 闻名遐迩的 "战将"——瓢虫

瓢虫是鞘翅目瓢虫科的小型甲虫。它们的硬壳十分俏丽，单色翅鞘有大红、橙黄、黝黑等颜色，复色翅鞘更是色彩丰富，在红、黄、黑等底色上，镶嵌着各式各样的异色斑纹，显得格外醒目、艳丽。瓢虫的种类很多，全世界约有 4 200 种，根据食性，瓢虫可分为植食性和肉食性两大类。植食性瓢虫

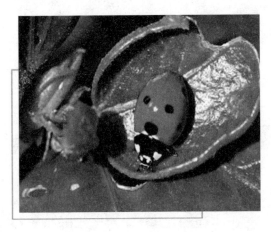

瓢 虫

以植物为食，种类较少，约占瓢虫种类的 1/5，大都属于二十八星及十二星种群。它们取食茄科、葫芦科、荨麻科、茜草科的植物。肉食性瓢虫种类多、数量大，约占瓢虫种类总数的 4/5。绝大多数肉食性瓢虫以捕食农业害虫为主，多以各种蚜虫、介壳虫、粉虱、叶螨等害虫为食，食量极大的肉食性瓢虫可以有效制约一些农业害虫对庄稼等农作物的危害。因此小小的瓢虫也就成了闻名遐迩的"战将"。

拓展阅读

翅 鞘

翅鞘，即鞘翅，某些昆虫的前翅，此种翅形多见于甲虫类（鞘翅目）的昆虫，其前翅角质化为肥厚的鞘状构造，就如同刀鞘保护宝刀一般。

◎ 大自然最机警的 "猎手" ——蜘蛛

蜘蛛属于节肢动物门中的蛛形纲，它的身体分为头胸部和腹部两部分。头胸部没有复眼和触角，只有 4 对步足。全世界共有蜘蛛 4 万余种，我国大约有 3 000 种，其中，"黑寡妇"是世界上最毒的蜘蛛之一。

蜘蛛都会纺丝，它们依靠蛛丝来织网，用蜘蛛网来捕食、营巢、产卵和

蜘 蛛

育幼。然而，会纺丝的蜘蛛不一定会织网，很多蜘蛛如跳蛛、蟹蛛、盗蛛是不织网的，生态学上称它们为游猎性蜘蛛。会织网的造网性蜘蛛，约占蜘蛛总数的一半以上。蜘蛛网是蜘蛛捕捉小动物的有力猎具。热带地区的一些巨型食鸟蛛织的网异常结实，能经得起300克重量的物体的冲击，青蛙、蜥蜴、小鸟都难以逃出这种罗网。

日本有一种红螯蛛，孵化出来的幼蛛都爬到母蛛身下，并吃母体的肉，而母蛛却心甘情愿让它们吃，直到自己死去。

基本小知识

复　眼

复眼相对于单眼而言，由许多小眼组成。每个小眼都有角膜、晶锥、色素细胞、视网膜细胞、视杆等结构，是一个独立的感光单位。复眼是生于头部侧上方的视觉器官，多成对、呈圆形。

◎ 贪吃的屎壳螂——蜣螂

蜣螂也叫屎壳螂，属于鞘翅目金龟子科。它不仅具有坚硬的翅鞘，而且还有特殊的瓣状触角，以此区别于其他种类的昆虫。它们的身体油黑肥胖，头前长着一排坚硬的角，像个钉耙。它们的食品通常是一些污物、垃圾和粪便，因此，获得了"屎壳螂"的雅号。

夏秋季节，蜣螂看到地面上的粪便后，便扫清一小块地面，然后把这些"食物"搬到平整过的地面上，并置于自己的腹下，在后面两对细长有爪的足的搓动下，使"食物"不断旋转、滚动，最后形成一个圆球，球形"食物"

制成后，它们便把它搬到安全、适当的地方去。蜣螂"夫妇"双双合作，一个在前拉，一个在后推。当粪球滚到一定地点，雌蜣螂用头和"脚"在粪球上挖个洞，将卵产在里面，然后把粪球滚到洞里去，用土盖起来。孵化出来的幼虫把粪球当粮食，一直到在泥土中化蛹。因为

在推粪球的屎壳郎

蜣螂能清除粪便，所以在古代就有"清道夫"的称号。它们曾为清除澳大利亚草原上的牛羊粪，减少苍蝇的繁殖和滋生，作出过巨大的贡献。

◎大自然的"清洁工"——蚂蚁

蚂蚁是一种既有益又有害的昆虫。蚁类的体色有很多种，体型大小也相差悬殊。澳洲昆士兰、新南威尔士北部的公牛蚁，体长 3.7 厘米，还有一对十分威风的巨颚。世界上最小的蚂蚁是贼蚁，其体长只有 0.2 厘米。

蚂蚁筑巢群居，过着有组织的社会生活。它们的家庭成员由蚁后、雄蚁、工蚁以及兵蚁组成。它们分工明确：蚁后只管产卵；雄蚁只管交配；兵蚁只管保卫蚁群和蚁穴的安全；工蚁中有的负责觅食运粮，有的负责管理蚁穴、哺育幼蚁，有的负责清除蚁道、扩建蚁室等。蚂蚁能分泌出一种化学物质，蚂蚁的触角感

趣味点击   **贼 蚁**

贼蚁，膜翅目蚁科火蚁属昆虫的统称，红色或浅黄色，体型较小，北美常见的几种具螯刺。巢为半永久性，用松土筑成，有裂缝通气。贼蚁是人尽皆知的害虫，毁坏或偷窃播种的谷物，侵害家禽。

觉到它，所以蚂蚁之间能传递信息。

蚂蚁是一名既聪明又出色的大自然的"清洁工"。一个有着50万只蚂蚁的蚁群，在一年内就会吃掉1.2亿只昆虫。虽然有些蚁类有时会骚扰人类，侵犯家畜，甚至危害农作物，但总的来说它们还是为人类作出了巨大贡献的。

蚂蚁

◎ 无敌"将军"——蝎子

蝎子属于蛛形纲铗角类。一般体长8～10厘米，最长可达18～20厘米。全世界现有蝎子800多种。蝎子身上有6对足。第一对细小，叫钳角，找吃的东西时用。第二对特别强大，叫螯足。其他4对叫步足，用来走路。尾部有一根能向前弯曲的刺，内藏毒液，是它的秘密武器。

蝎子是肉食性动物。大部分产于温、热两带。性喜干燥、独栖，白天很少活动，整天隐匿在石堆、土洞、树皮下等地方，傍晚才出来活动。它走路时张开两只螯足，翘起尾巴，威风凛凛。碰上昆虫、蜘蛛、小蜈蚣时，先用螯足钳住对方，再用尾刺刺进猎物皮肤，注入毒液。蝎子毒液的毒性不亚于眼镜蛇毒的毒性，人被刺后，严重的可能会丧命。

蝎子还具有一种怪癖，它能在不需要饮水的情况下，长期不食。据观察，一只蝎子能在不食的情况下生活368天。

蝎子也不是都有剧毒的，在数百种蝎子当中，只有几种有毒。蝎子还常捕食蟋蟀、蝼

蝎子

蛄、蝗虫、蝶、蛾、蚜虫等，为人类除掉了不少农业害虫。干燥的蝎子还可以做药治病。

知识小链接

步 足

一般将节肢动物、甲壳类（如虾、蟹等）胸部的后5对附肢，称为步足。步足除有步行功能外，还有跳跃、捕食等功能。蛛形纲动物的后4对附肢也被称为步足，步足在胫节和跗节之间有后跗节。又如棘皮动物的管足，原为水管系统的一部分，但兼作步行之用，有时也称步足。

◎ "隐形杀手" ——蚊子

蚊子属于双翅目蚊科，是一种小型昆虫。全世界共有蚊子3 000多种。我国有200多种。

蚊子有1对触须和3对步足，上面生有很多感觉毛，它们可以在黑夜感觉到人体散发出的二氧化碳，然后飞到吸血对象那里，如果对象适合它的"胃口"，它就会把轻巧的尖嘴插入吸血对象的皮肤里。蚊子吸血前先将含有抗凝素的唾液注入皮下与血混和，使之变成不会凝结的稀薄血浆，然后吐出未消化的陈血，换吸新鲜血液。

蚊子的危害不仅是因为吸食人血，也在于它能传播疟疾、乙型脑炎、丝

你知道吗

丝 虫 病

丝虫病是由线形动物门的丝虫总科，通常由称为丝虫的一类线虫寄生于人体所引起。丝虫是由其中间宿主——吸血节肢动物传播并寄生于人体及其他脊椎动物，包括哺乳类、禽类、爬行类、两栖类的寄生线虫的统称。丝虫成虫可寄居于人和动物的淋巴系统、皮下组织、体腔和心血管等处。丝虫成虫细长如丝，雌虫产出的幼虫称微丝蚴。

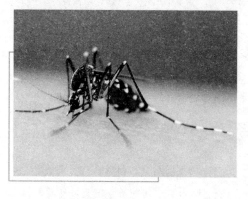

蚊子

虫病、黄热病等几十种疾病。可以这样说：在地球上，再没有哪种动物能比蚊子给人类带来的灾害更大的了。蚊子通过传播疾病害死的人比死于战争的人数还要多。蚊子的繁殖力是惊人的。从卵、孑孓、蛹到蚊子大约只需10～12天。所以我们要做好灭蚊工作，防止它危害人类。

拓展阅读

黄热病

黄热病，俗称"黄杰克"、"黑呕"，是由黑热病病毒所致的急性传染病，主要媒介在城市是埃及伊蚊，在农村为趋血蚊和非洲伊蚊，传播途径是经蚊虫的叮咬。黄热病是第一种被发现的人类急性病毒性传染病，也是第一个被证实是由蚊类媒介传播的疾病。

◎昆虫世界中最出色的"飞行员"——蜻蜓

蜻蜓属于蜻蜓目差翅亚目蜻蜓类，它静止时两翅平展，体躯粗壮，头上一对大复眼几乎相连。它脑袋滚圆并能任意转动，口器内生着一对坚硬、有力的紫色大颚。蜻蜓的触角呈细毛状。蜻蜓是世界上眼睛最多的昆虫之一。它的一对发达的大复眼占整个头部的1/2，一只复眼由数不清的小眼所组成且与感光细胞和神经相连，这使它能够看见飞行在100米以外的同类，还会分辨颜色，识别物体的形状。此外，它们的复眼还能测速，当物体在复眼前移动时，每个小眼依次产生反应，经过加工就能确定目标物体的运动速度了。

蜻蜓是昆虫世界里的"飞行员"，它们不仅飞得快、飞得高、飞得远，还有飞行绝技，它能陡然起飞或急转弯飞行，速度每秒高达 40 米左右。一只蜻蜓能在一小时内吃掉 40 只苍蝇或 840 只蚊子，是人类的好帮手。人们熟知的"蜻蜓点水"，其实是蜻蜓在产卵。卵在水中孵出幼虫水虿，专吃蚊子的幼虫。水虿在水中，生活多次蜕皮后才变为成虫。

蜻　蜓

◎ 现代农业之"翼"——蜜蜂

蜜蜂属于昆虫纲膜翅目蜜蜂科，是一种高度合群、群体结构十分稳定、上下分工致密的昆虫。在一个蜜蜂大家庭中，一般都由一个专司生殖的蜂王、少量负责交配的雄蜂以及数量极大的辛勤劳动的工蜂 3 种成员组成。蜂王是与众不同的，它圆锥形的腹部有着发达、健全的生殖器官。产卵是蜂王唯一的职务，它一天能产 1 000 ~ 8 000 粒卵，是整个蜂群的中心。在蜂群里，雄蜂不用干活，唯一职能是与蜂王交配。大多数雄蜂是蜂群社会中的寄生者。工蜂是家族的主体，

蜜　蜂

它们都是些不会生育的雌性。它们身体小，有嚼吸式口器及螫针，负责建造巢房、寻找蜜源、采粉酿蜜、打扫蜂房、抚育幼蜂、侍候蜂王、保卫家庭等全部工作。

蜜蜂在栽培作物采花吸蜜的过程中，起了极为重要而显著的

趣味点击　蜂　王

蜂王也叫"母蜂"、"蜂后"，是蜜蜂群体中唯一能正常产卵的雌性蜂。通常每个蜂群只有一只。蜂王的寿命为3～5年。由于生殖率逐渐下降，在养蜂业中常被人工淘汰。

增产作用，是农作物授粉的重要媒介。

◎ "东方飞魔"——蝗虫

蝗虫属于昆虫纲直翅目的蝗科，全世界的蝗虫约有1万多种，多分布于热带、温带的草地和沙漠地区。我国已知蝗虫的种类有800多种。

蝗虫的身体表面有一层坚硬的外骨骼，不怕风吹日晒，又能保护体内器官。头上长着一对有嗅觉的丝状触角，能看见较远的东西。触角旁边有3个单眼，能分辨方向和光线的强弱。头下面有一张大嘴，能咬断食物。它有两对健壮的翅膀，飞行很快。一对后足特别发达，用来跳跃。它主要吃稻、麦、玉米、高粱等农作物，有时连树叶、树皮也吃，是个"贪吃"的家伙。

蝗虫常常成群活动，每群个数多得没法计算。它们的飞翔能力惊人，能够连续飞行1～2天。在我国危害最严重的是东亚飞蝗。它们几乎什么都吃，一个蝗群一天内可

蝗　虫

吃掉 8 万吨食物，相当于 40 万人一年的口粮。因为蝗虫具有惊人的繁殖力，所以要想彻底消灭它，对人类来说还是一项艰苦的挑战。

单　眼

单眼是仅能感觉光的强弱，而不能看到物像的一种比较简单的光感受器，有很多种无脊椎动物都具有单眼。昆虫的单眼结构已较完善，通常有很多能感光的视觉细胞，周围有色素，表面仅有 1 个两凸形的角膜。单眼可分为背单眼和侧单眼两种。

◎ 好斗的蟋蟀

蟋蟀是一种善叫、好斗的小型昆虫，属于昆虫纲直翅目蟋蟀科。全世界的蟋蟀约有 2 400 余种。我国的蟋蟀在 60 种以上，以中华蟋蟀最为常见。

雄性中华蟋蟀体长 1.7～2.5 厘米，触角丝状，后足发达，有一对大而显眼的上颚组成的咀嚼式口器以及腹部末端一对修长的尾须。蟋蟀每年发育一代。它的一生只经过卵、若虫、成虫三个发育阶段，没有蛹期，所以蟋蟀是种不完全变态的昆虫。蟋蟀的卵在土中越冬，第二年 5～6 月，越冬的卵孵化成深灰色的若虫。在一段时间内，若虫在泥土隙缝中成群生活，随着虫体长大，逐渐分散觅食。若虫经过 7～9 次蜕皮，就蜕化成为成虫了。雄性蟋蟀能鸣、善斗，腹部末端有尾须一对，俗称"二枚子"。雌性蟋蟀不会鸣叫，腹部末端的一对尾须中，还

蟋　蟀

长着一根显眼的产卵器，俗称"三枚子"或"三雌"。蟋蟀以作物的叶、茎和根为食。

知识小链接

咀嚼式口器

咀嚼式口器是最原始的口器类型，适合取食固体食物，由上唇、下唇、舌各1片，上颚、下颚各2个组成。上颚极为坚硬，适于咀嚼；下颚和下唇各生有2根具有触觉和味觉作用的触须，蝗虫、蟋蟀、天牛、蝼蛄、金龟子等的口器都是咀嚼式口器。

◎带着"时钟"的蟑螂

蟑螂是最古老的昆虫之一，早在4亿年前，就已经出现在地球上了。它的种类很多，人们常见的蟑螂有5种。蟑螂体扁平，黑褐色，头小、能活动。触角为长丝状，复眼很发达。有前翅和后翅，前翅为革质，后翅为膜质，前后翅基本一样大小，覆盖于腹部背面。有的种类的蟑螂没有翅膀。

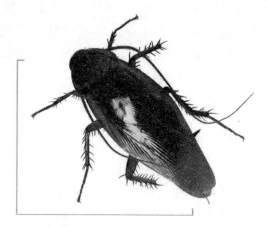

蟑　螂

蟑螂白天躲起来，夜里上半夜9点到下半夜2点是它最活跃的时间，它什么都吃，还会传播多种疾病。虽然它是个贪吃的家伙，但耐饥能力很强，不吃食物能活1个月，没有水喝可活3个月。

有趣的是，蟑螂身上带着一只奇妙的"时钟"。科学家把蟑螂关在密室里，并用红外线追踪它的行动。一星期后，科学家知道了蟑螂的行为规律，周期是 23 小时 53 分钟。这和地球自转的周期相当近似。在黑暗中它之所以能知道外面的昼夜交替是因为在蟑螂的咽下有一种神经节，它的侧面和腹面有一群神经分泌细胞，分泌和调节着激素，指示着蟑螂的活动和休息，起着计时的作用。

你知道吗

激素

激素也叫荷尔蒙，它对肌体的代谢、生长、发育、繁殖、性别、性欲和性活动等起重要的调节作用，是高度分化的内分泌细胞合成并直接分泌入血液的化学信息物质。它通过调节各种组织细胞的代谢活动来影响人体的生理活动。

◎ 神秘的招潮蟹

招潮蟹是一种非常有趣的小蟹，它们的习性同潮汐有着密切的关系，因此叫"招潮蟹"。潮退后，招潮蟹从沙里爬出来，大模大样地在阳光下爬行；潮涨时，它们就爬进洞内休息了。招潮蟹广泛分布于全球热带、亚热带的潮间带，是暖水性、群集性的蟹类。一般以藻类和其他有机物为食。

招潮蟹

雌蟹的两螯足很小，用来取食。雄蟹就长得怪模怪样的，一只螯足特别大，特别长，重量占体重的一半，但另一只螯足却非常小、非常短，比它的 8 只步足都小。有趣的是，招潮蟹的颜色是随着时间的转换而在不断地变化着的。黑夜里，蟹身呈黄白色，快日出时，颜色开始变深，到了

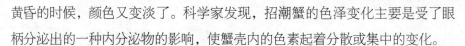

黄昏的时候，颜色又变淡了。科学家发现，招潮蟹的色泽变化主要是受了眼柄分泌出的一种内分泌物的影响，使蟹壳内的色素起着分散或集中的变化。

在繁殖季节，雄蟹向雌蟹求婚，一面爬行，一面像打信号旗那样挥舞着大螯足，雌蟹看到后就会向雄蟹爬来，雄蟹边敲边进洞，雌蟹也跟着入洞，直到产卵孵化。在这期间，雄蟹是绝不允许其他雄蟹入内的。

拓展阅读

潮　汐

潮汐现象是指海水在天体（主要是月球和太阳）引潮力作用下所产生的周期性运动，习惯上把海面垂直方向涨落称为潮汐，而海水在水平方向的流动称为潮流。潮汐是沿海地区的一种自然现象，古代称白天的河海涌水为"潮"，晚上的称为"汐"，合称为"潮汐"。

◎ 既聋又瞎的蚯蚓

蚯蚓是对环节动物门寡毛纲类动物的通称，又叫地龙。它的身体是长圆柱形的，整个身体由许多生着刚毛的环节构成。它的头部没有触角和眼睛。前端长着光滑的肉质，可以日夜松土。蚯蚓是聋子，根本听不见声音，也不会鸣叫。但是，蚯蚓的皮肤里却有发达的感觉细胞，外面稍有振动，它就能有所警觉。

蚯　蚓

　　蚯蚓还是个瞎子，但它对光线的明暗却有感觉，用光来刺激它，它会很快逃回洞里，这是它身体表面的感光细胞在起作用。

　　蚯蚓的消化能力惊人，除了玻璃、金属、塑料和橡胶以外，几乎什么都吃。蚯蚓还没有肺，它是靠皮肤来呼吸的。蚯蚓是一种雌雄同体的动物，异体受精，生殖时借由环带产生卵茧，繁殖下一代。

　　世界上最大的蚯蚓是大洋洲的巨蚯蚓，身体可长达12米。

◎ "朝生暮死" 的蜉蝣

　　蜉蝣是寿命很短的昆虫，古人用"朝生暮死"来形容它生命的短促。蜉蝣的种类很多，有的蜉蝣成虫只能活上几个小时，最长寿命的也不过一个星期。

　　在春夏季节的日落以后，蜉蝣常常成群地在河湖、池塘上空飞翔。它们的身体柔软，会反光，头部的一对触角像短刺。休息时，两对翅膀直立在背上。腹部末端长出3条尾毛，尾毛比身体要长得多。因为蜉蝣的生命短暂，所以它们纷纷寻找配偶进行交配。当把卵产在水中以后，它们就死去了。相反，那些找不到配偶，尚未完成繁殖责任的蜉蝣，却能活得长一些。

蜉　蝣

　　如果把卵从孵化到变为成虫的时间也算上，蜉蝣的生命就不算短了，可以从几个月到一年。"朝生暮死"形容的是蜉蝣的成虫阶段。蜉蝣不是害虫，幼虫可作鱼饵，蜉蝣尸体也可作肥料。

◎ 水手命名的鹦鹉螺

鹦鹉螺是有螺旋状外壳的软体动物，是章鱼、乌贼类的亲戚。它壳薄而轻，呈螺旋形卷盘，壳的表面呈白色或乳白色，生长纹从壳的脐部辐射而出，平滑细密，多为红褐色。

鹦鹉螺通常夜间活动，日间则在海洋底质上歇息，以触手握在底质岩石上。生活在海洋表层一直到 600 米深的海域。内部气体的量能够调控，使鹦鹉螺可以适应不同深度的压力。当其死亡后，身躯内部脱壳而沉没，外壳则终生漂泊在海上。

基本小知识

底 质

底质是矿物、岩石、土壤的自然侵蚀产物，生物活动及降解有机质等过程的产物，污水排出物和河（湖）床底母质等随水迁移而沉积在水体底部的堆积物质的统称。一般不包括工厂废水沉积物及废水处理厂污泥，底质是水体的重要组成部分。

鹦鹉螺现有的种类不多，但都是暖水性动物。它们大多分布在印度洋和太平洋海区，在亚热带和热带海域，我国台湾、海南岛和南海诸岛均有发现。

在奥陶纪的海洋里，鹦鹉螺堪称顶级掠食者，它的身长可达 11 米，主要以三叶虫、海蝎子等为食，在那个

鹦 鹉 螺

海洋无脊椎动物鼎盛的时代，它以庞大的体型、灵敏的嗅觉和凶猛的嘴喙霸占着整个海洋。

鹦鹉螺是雄雌异体，交配时，雄性和雌性头部相对，腹面朝上，将触手交叉，雄性以腹面的肉穗将精子荚附于雌性漏斗后面的触手上，雌性的受精部位在口膜附近。受精后短期内即产卵，仅产几枚至几十枚，但卵较大，为40 毫米 × 10 毫米。

趣味点击　　　　　三叶虫

三叶虫是最有代表性的远古动物，出现于距今 5.6 亿年前的寒武纪，4.3 亿～5 亿年前发展到高峰，至 2.4 亿年前的二叠纪完全灭绝，前后在地球上生存了 3.2 亿多年，这是一类生命力极强的生物。在漫长的时间长河中，它们演化出繁多的种类，有的长达 70 厘米，有的只有 2 毫米。背壳纵分为三部分，因此名为三叶虫。

◎"千里光"——鲍鱼

鲍鱼是一种原始的海洋贝类。它是海洋中的单壳软体动物，只有半面外壳，壳坚厚，扁而宽，形状有些像人的耳朵，所以也叫它"海耳"。壳的边缘有 9 个孔，海水从这里流进，排出，连鲍鱼的呼吸、排泄和生育也得依靠它，所以它又叫"九孔螺"。壳表面粗糙，有黑褐色斑块，内面呈现青、绿、红、蓝等色交相辉映的珍珠光泽。鲍鱼是中国传统的名贵食材。

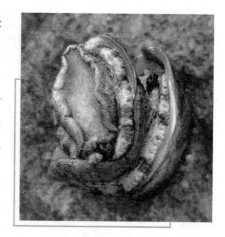

鲍　鱼

鲍鱼，同鱼毫无关系，倒跟田螺之类沾亲带故。

鲜鲍经过去壳、盐渍一段时间，然后煮熟，除去内脏，晒干成干品。它肉质鲜美，营养丰富。"鲍、参、翅、肚"，都是珍贵的海味，而鲍鱼列在海参、鱼翅、鱼肚之首。鲍壳是著名的中药材——石决明，古书上又叫它千里光，有明目的功效，因此得名。全世界约有90种鲍鱼，它们的足迹遍及太平洋、大西洋和印度洋。我国渤海海湾产的鲍鱼叫皱纹盘鲍，个体较大；东南沿海产的叫杂色鲍，个体较小；西沙群岛产的半纹鲍、羊鲍，是著名的食用鲍。由于鲍鱼天然产量很少，因此价格昂贵。现在，世界上产鲍的国家都在发展人工养殖，我国在20世纪70年代培育出杂色鲍苗，人工养殖获得成功。

◎ 背房子走的蜗牛

蜗牛是世界上牙齿最多的动物。虽然它嘴的大小和针尖差不多，但是却有大约25 600颗牙齿。在蜗牛的小触角中间往下一点儿的地方有一个小洞，那就是它的嘴巴，里面有一条锯齿状的舌头，科学家们称之为"齿舌"。

蜗牛并不是生物学上一个分类的名称，一般指大蜗牛科的所有种类动物，广义的也包括腹足纲其他科的一些动物（包括蛞蝓等）。一般西方语言中不区分水生的螺类和陆生的蜗牛，汉语中蜗牛只指陆生种类，虽然也包括许多不同科、属的动物，但形状都相似。蜗牛有一个比较脆弱的、低圆锥形的壳，不同种类的壳有左旋或右旋的，蜗牛有明显的头

蜗牛

部，头部有两对触角，后一对较长的触角顶端有眼，腹面有扁平宽大的腹足，行动缓慢，足下分泌黏液，降低摩擦力以帮助行走，黏液还可以防止蚂蚁等一些昆虫的侵害。蜗牛一般生活在比较潮湿的地方，在植物丛中躲避太阳直晒。在寒冷地区生活的蜗牛会冬眠，在热带生活的种类旱季也会休眠，休眠时分泌出的黏液形成一层干膜封闭壳口，全身藏在壳中，当气温和湿度合适时才会出来活动。

蜗牛几乎分布在世界各地，不同种类的蜗牛体形大小各异，非洲大蜗牛可长达 30 厘米，在北方野生蜗牛种类的体型一般只有不到 1 厘米。一般蜗牛以植物叶和嫩芽为食，因此是一种农业害虫。但也有肉食性蜗牛，以其他种类蜗牛为食。现在这种人工养殖可食用的蜗牛已经随同法国菜向世界各地传播。蜗牛是雌雄同体的，有的种类可以独立生殖，但大部分种类需要两个个体交配，互相交换精子。普通蜗牛将卵产在潮湿的泥土中，一般两到四周后小蜗牛就会破土而出。一次可产 100 个卵。蜗牛的天敌很多，鸡、鸭、鸟、蟾蜍、龟、蛇、刺猬等都会以蜗牛为食。一般蜗牛寿命可以达 2 ~ 3 年，最长可达 7 年。蜗牛在各种文化中的象征意义也不相同，在中国，蜗牛象征缓慢、落后；在西欧则象征顽强和坚持不懈。有的民族以蜗牛的行动预测天气，芬兰人认为如果蜗牛的触角伸的很长，就意味着明天有一个好天气。

蜗牛具有很高的食用和药用价值。营养丰富，味道鲜美，是高蛋白，低脂肪，富含 20 多种氨基酸的高档营养滋补品。蜗牛属腹足纲陆生软体动物，种类很多，遍布全球。在我国各省区都有蜗牛分布，它们生活在森林、灌木、果园、菜园、农田、住宅、公园、庭院、寺庙、高山、平地、丘陵等地。但有饲养和食

你知道吗

雌雄同体

雌雄同体即在一个动物体中雌、雄性状都明显的现象。雌雄同体有两种情况，一种是同时具备精巢和卵巢，另一种是具有两性腺体。通常仅指正常的现象而言，与间性和雌雄镶嵌现象等假雌雄同体现象是有区别的。

用价值的种类却很少。蜗牛作为人类的高蛋白低脂肪的上等食品和动物性蛋白饲料，日益受到人们的重视。

知识小链接

胆 固 醇

　　胆固醇广泛存在于动物体内，尤以脑及神经组织中最为丰富，在肾、脾、皮肤、肝和胆汁中含量也高。其溶解性与脂肪类似，不溶于水，易溶于乙醚、氯仿等溶剂。胆固醇是动物组织细胞所不可缺少的重要物质，它不仅参与形成细胞膜，还是合成胆汁酸、维生素D以及甾体激素的原料。

两栖动物与爬行动物

　　两栖类和爬行类动物同属于脊椎动物亚门，但两栖类动物是从水生过渡到陆生的脊椎动物，具有水生脊椎动物与陆生脊椎动物的双重特性；爬行类动物的身体构造和生理机能比两栖类动物更能适应各种不同的陆地生活环境。我们熟悉的青蛙、蟾蜍就是两栖动物的典型代表。除此之外，如此庞大的两个类群中还有哪些有趣的动物呢？爬行动物曾是统治陆地时间最长的动物，其主宰地球的中生代也是整个地球生物史上最引人注目的时代。那个时代，它们不仅是陆地上的绝对统治者，还统治着海洋和天空，地球上没有任何一类其他生物曾有如此辉煌的历史。让我们来了解它们吧！

两栖动物

两栖动物是第一种呼吸空气的陆生脊椎动物，由化石可以推断，它们出现在3.6亿年前的泥盆纪后期，是由鱼类直接演化而来。这些动物的出现代表了动物从水生到陆生的过渡。两栖动物生命的初期有鳃，当成长为成体时逐渐演变为肺。两栖动物可以生活在陆上和水中。

两栖动物是最原始的陆生脊椎动物，既有适应陆地生活的新的性状，又有从鱼类祖先那里继承下来的适应水生生活的性状。多数两栖动物需要在水中产卵，发育过程中有变态，幼体接近于鱼类，而成体可以在陆地生活，但是有些两栖动物是胎生或卵胎生，不需要产卵，有些动物从卵中孵化出来几乎就已经完成了变态，还有些动物终生保持幼体的形态。

基本小知识

脊椎动物

脊椎动物是有脊椎的动物，是脊索动物的一个亚门。这一类动物一般体形左右对称，全身分为头、躯干、尾三个部分，躯干又被横膈膜分成胸部和腹部，有比较完善的感觉器官、运动器官和高度分化的神经系统，包括鱼类、两栖动物、爬行动物、鸟类和哺乳动物等五大类。

最早的两栖动物牙齿有迷路，被称为迷齿类，在石炭纪还出现了牙齿没有迷路的壳椎类，这两类两栖动物在石炭纪和二叠纪非常繁盛，这个时代也被称为两栖动物时代。在二叠纪结束时，壳椎类全部灭绝，迷齿类也只有少数在中生代继续存活了一段时间。进入中生代以后，出现了现代类型的两栖动物，其皮肤裸露而光滑，被称为滑体两栖类。

夏蛰

夏蛰，又称夏眠，动物休眠的一种，是动物对炎热季节的一种适应现象。变温动物对于炎热的气温和干燥环境有明显的适应方式，如体温下降，陷入沉睡状态等。

现代的两栖动物种类并不少，超过 4 000 种，分布也比较广泛，但其多样性远不如其他的陆生脊椎动物，只有 3 个目，其中只有无尾目种类繁多，分布广泛。每个目的成员也大体有着类似的生活方式。从食性上来说，除了一些无尾目的蝌蚪食植物性食物外，其他的均食动物性食物。两栖动物虽然也能适应多种生活环境，但是其适应力远不如更高等的其他陆生脊椎动物，既不能适应海洋的生活环境，也不能生活在极端干旱的环境中，在寒冷和酷热的季节需要冬眠或者夏蛰。

拓展阅读

二 叠 纪

二叠纪是古生代的最后一个纪，也是重要的成煤期。二叠纪开始于距今约 2.95 亿年，延至 2.5 亿年，共经历了 4 500 万年。二叠纪的地壳运动比较活跃，古板块间的相对运动加剧，世界范围内的许多地槽封闭并陆续地形成褶皱山系，古板块间逐渐拼接形成联合古大陆（泛大陆）。陆地面积的进一步扩大，海洋范围的缩小，自然地理环境的变化，促进了生物界的重要演化，是生物发展史上一个新时期。

 爬行动物

　　爬行动物是第一批摆脱对水的依赖而真正征服陆地的脊椎动物，它们可以适应各种不同的陆地生活环境。爬行动物也是统治陆地时间最长的动物，其主宰地球时的中生代也是整个地球生物史上最引人注目的时代。那个时代，爬行动物不仅是陆地上的绝对统治者，还统治着海洋和天空，地球上没有任何一类其他生物有过如此辉煌的历史。现在虽然已经不再是爬行动物的时代，大多数爬行动物的类群已经灭绝，只有少数幸存下来，但是就种类来说，爬行动物仍然是非常繁盛的一群，其种类在陆地脊椎动物中仅次于鸟类。爬行动物现在到底有多少种很难说清，各家的统计数字可能相差千种，新的种类也还在不断被鉴定出来，大体来说，爬行动物现在应该有接近 8 000 种。由于摆脱了对水的依赖，爬行动物的分布受温度影响较大而受湿度影响较小，现存的爬行动物大多数分布于热带、亚热带地区，在温带和寒带地区则很少，只有少数种类可到达北极圈附近或分布于高山上，而在热带地区，无论湿润地区还是较干燥地区，种类都很丰富。

形形色色的两栖动物和爬行动物

◎ "活的晴雨计" ——青蛙

　　青蛙是水陆两栖动物，成体无尾，体外受精，卵产于水中，孵化成蝌蚪，用鳃呼吸，经过变态之后，长成成体，成体主要用肺呼吸，兼用皮肤呼吸。青蛙体形较苗条，多善于游泳。颈部不明显，无肋骨。

　　青蛙有着一张大嘴和一个长而分叉的舌头。舌头不是长在口腔的后部，

而是长在下颌的前面，翻向咽喉。捕捉飞虫的时候，它突然把舌头翻出口外，飞虫一碰上舌头，就被黏液牢牢粘住了，青蛙将舌头快速翻转，飞虫也就被卷进青蛙的肚子里了。青蛙的眼睛只能看见运动着的物体，而看不见静止的物体。

青　蛙

青蛙不仅是捕猎害虫的能手，而且还是气象哨兵呢。根据它的叫声，人们能预测天气的阴晴。

◎ 缘木求子的树蛙

树蛙又叫飞蛙，分布在亚洲、非洲的热带或亚热带地区。顾名思义，树蛙是生活在树上的蛙类。它的脚趾大而长，趾间长着很宽的蹼膜，趾端有很大的吸盘。依靠吸盘的吸附作用，它能在树干上轻巧地爬行而不会掉下来。树蛙还会"飞"，它可以把趾间的膜张开，像大纸扇一样扇动起来，使自己从一棵树滑翔到另一棵树上，或降落到地上。

树蛙是一种夜间活动的动物，主要捕食昆虫，它还会随着周围环境的变化而改变自己的体色，以保护自己或获得食物。

雌树蛙在临近水源的树上产卵，它会分泌出很多黏液，并用腿把黏液搅拌成泡沫状，然后将卵产进泡沫里，整堆卵泡就牢牢粘在树枝上。当卵孵化成蝌蚪时，卵泡的底部就会融化，小蝌蚪纷纷跌入水中，自由自在地游起来。它们直到长成和它们的父

树　蛙

母一样的时候，才又回到树上生活。

蝌 蚪

蝌蚪是蛙、蟾蜍、蝾螈、鲵等两栖类动物的幼体，刚孵化出来的蝌蚪，身体呈纺锤形，无四肢、口和内鳃，生有侧扁的长尾，头部两侧生有分枝的外鳃，吸附在水草上，靠体内残存的卵黄供给营养。

◎ 捕捉害虫的能手——蟾蜍

蟾蜍俗称癞蛤蟆，是常见的两栖动物。它长得很丑陋，黑褐色的皮肤上长了许多疙瘩，这些疙瘩都是皮肤腺，能分泌出使皮肤表面保持湿润的黏液，也能分泌出乳白色浆液。特别是头部一对胖大的耳后腺，放出的乳白色毒液能毒死猫、狗一般大小的动物。蟾蜍行动缓慢，但谁都不敢惹它。

蟾 蜍

广角镜

皮 肤 腺

皮肤腺是由上皮细胞形成的腺体。种类很多，功能也各有不同。如高等动物的汗腺、皮脂腺、臭腺和低等动物的蜕皮腺、壳腺等均属皮肤腺。皮肤腺指开口于表皮的腺体。脊椎动物中鱼类、两栖类、哺乳类有相当发达的皮肤腺，爬行类、鸟类缺乏皮肤腺。

蟾蜍喜欢吃蝼蛄、金龟子、象鼻虫等昆虫。曾经有人做过统计：1 只蟾蜍在 3 个月内吞吃了 10 000 多只昆虫，可见，蟾蜍是人类的朋友。另外，蟾蜍的皮肤腺里分泌的白色浆液，能提取"蟾酥"。这是医药中的珍品，有强心、镇痛、止血和治疗疮疾等功效。用蟾酥配制成的六神丸，是闻名中外的中药。

你知道吗

蟾　酥

蟾酥是蟾蜍表皮腺体的分泌物，白色乳状液体，有毒。干燥后可以入药。它是中国传统的中药材，具有解毒、镇痛、开窍、抗肿瘤等多种功能。

◎ 背部孵卵的负子蟾

负子蟾是南美热带草原中的一种非常奇特的两栖动物，属于无尾目负子蟾科。负子蟾的头是三角形的，眼睛很小，头上没有耳后腺，嘴里没有舌头和牙齿，后肢的趾间有发达的蹼，趾上有爪。它是以水为生的动物，不到万不得已是不会离开水面的。

更奇特的是负子蟾的繁殖方式。在产卵的时候，雌蟾背部的皮肤变得像海绵一样柔软，上面还有许多小窝，这是它为下一代准备的"育儿室"。雌蟾将卵带弯曲到背部，雄蟾压住卵带，把卵挤压出来。卵分散在母体背部皮肤所形成的蜂窝状的小凹陷中，正好一个小窝一个卵。雌蟾还分泌一种胶状物质，把卵盖起来，防止卵掉出来。卵在里面孵化并发育成小的负子蟾。小窝的壁通过微血管网

负　子　蟾

分泌出必要的水分和营养物质。雌蟾产在背部的卵有 50 ~ 100 个，大约 80 天后，卵在"育儿室"中就发育成了小负子蟾。它们从"母亲"的背上纷纷跳入水中，开始独立生活。这时，雌蟾就到石头或植物上擦背，脱去增厚的皮肤。

知识小链接

耳 后 腺

　　耳后腺是位于无尾两栖类动物的眼后、枕部两侧的皮肤腺，聚集成一定形态，具有种的差异。如蟾蜍属具有明显的耳后腺，花背蟾蜍耳后腺大而扁，西藏蟾蜍耳后腺短而宽，呈豆状。

◎ 动物人参——哈什蟆

　　哈什蟆学名叫中国林蛙，属两栖动物无尾目蛙科。主要分布在我国东北、华北和西北地区。

你知道吗

输 卵 管

　　输卵管为一对细长而弯曲的管，位于子宫阔韧带的上缘，内侧与宫角相连通，外端游离，与卵巢接近，全长为 8 ~ 15 厘米。从卵巢连至阴道的管道，包括中输卵管和侧输卵管，卵经此排出。

　　哈什蟆外形很像青蛙，尖头长腿，草绿色或褐色的背，乳白色的肚皮，上面还有一些红色斑点，两眼后面各有一块三角形的黑斑。雄蛙体型较小，雌蛙体型较大。哈什蟆 4 月下旬至 9 月下旬，完全生活在陆地上，喜欢居住在阳光较弱而又潮湿的山林阴坡。9 月下旬至次年 3 月下旬，在水中生活。秋后入水，冬季冬眠。哈什蟆的主要食物是昆虫。

　　清明以后，哈什蟆进入产卵期，雌哈什蟆每次产卵约 5 000 个。几天以后

哈 什 蟆

卵就变成青灰色带有斑纹的蝌蚪。过了3个月，小蝌蚪就变得和"父母"一样了。

哈什蟆除了味道鲜美之外，它还能生产哈什蟆油。哈什蟆油是一种高级补品，哈什蟆油并不是油，而是雌哈什蟆输卵管的干制品，能滋补身体，治疗神经衰弱、产妇出血和产后无乳症等。

◎ 奇怪的角怪

角怪的学名叫崇安髭蟾，又叫胡子蛙，是我国特有的珍稀的濒临绝种的两栖动物。角怪主要分布在四川峨眉山和福建武夷山地区。

雄性角怪的上唇两边，生有一对黑色的角质刺，坚硬得像玫瑰花上的刺。角怪的眼珠上半边呈黄棕色，下半边呈蓝紫色，瞳孔是纵置的，会随着光线的强弱缩小或放大，像猫的眼睛一样，在强光下，它的瞳孔会缩成一条纵缝。

交配中的角怪

基本小知识

瞳 孔

瞳孔是动物或人眼睛内虹膜中心的小圆孔，是光线进入眼睛的通道。虹膜上平滑肌的伸缩，可以使瞳孔的口径缩小或放大，控制进入瞳孔的光量。

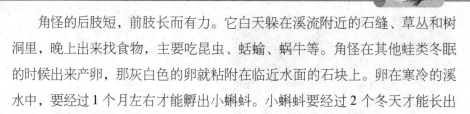
角怪的后肢短，前肢长而有力。它白天躲在溪流附近的石缝、草丛和树洞里，晚上出来找食物，主要吃昆虫、蛞蝓、蜗牛等。角怪在其他蛙类冬眠的时候出来产卵，那灰白色的卵就粘附在临近水面的石块上。卵在寒冷的溪水中，要经过1个月左右才能孵出小蝌蚪。小蝌蚪要经过2个冬天才能长出四肢，变成小角怪。

◎ 会装死的鳄蜥

鳄蜥又叫雷公蜥，它的头很像蜥蜴，身体和尾巴极像鳄鱼，因此名叫鳄蜥。它是我国的特产动物和一级保护动物，基本只生活在广西大瑶山区。它和新西兰的楔齿蜥一样，也是古老的珍贵动物。

鳄　蜥

鳄蜥体长15~30厘米，四肢发达，爪子锐利。它的背是褐色的，腹部是黄白色的。它喜欢吃蝗虫、蝌蚪和小鱼。鳄蜥的看家本领是"装死"，这是它重要的护身法宝。因为它体小力微，行动又不灵活，遇到稍微厉害一点的动物就难以应付。于是，当别的动物抓到它时，鳄蜥就一动不动，不论怎么拨弄它，它都纹丝不动。来犯者常常以为这不过是一具尸体，稍一疏忽，鳄蜥便逃之夭夭。如果捕捉者不小心碰了它，也会被它死死咬住不放。鳄蜥的装死未免有些消极，但消极中却有着积极的意义，使它一直生存到今天。

◎ 生有三只眼的楔齿蜥

楔齿蜥又叫喙头蜥，是新西兰特有的古老爬行动物。它的模样有点像蜥蜴，又有点像鳄鱼，乍一看，它的嘴巴像鸟喙，所以人们又叫它喙头蜥。楔齿蜥的身上是淡棕绿色的。鳞片上有小黄点。它的躯体长 30～60 厘米，嘴里长着小锯齿一样的小牙，背上有一列锯齿状的东西，从脖子一直延伸到尾巴。楔齿蜥能活 100 岁左右，可以称得上是"寿星"了。

楔 齿 蜥

　　楔齿蜥曾在三叠纪和侏罗纪时就广泛分布于世界各地，其古老性大大超过中生代的恐龙。它的主要原始特点表现在：具有犁骨齿，雄蜥没有外生殖器官，头顶上有"颅顶眼"。从构造看，它的"颅顶眼"虽然保存了角膜、水晶体和视网膜，但已经退化了，只能接受光的刺激，不能当作视觉器官使用。

基本小知识

犁 骨 齿

　　两栖类动物口腔腭部的犁骨上着生的小齿，许多小齿排列呈一定的形状，为两栖类动物分类的依据之一。某些两栖纲动物（如蛙、蝾螈等）在内鼻孔附近的部位，有 1 对犁骨（锄骨），大多数种类的犁骨腹面有 1 排或 2 簇细齿，多呈圆锥形，称为犁骨齿或锄骨齿。

　　楔齿蜥还有一个奇特之处是，幼蜥要经过 15 个月才能被孵化出来，时间之长是所有卵生动物中少见的。小楔齿蜥的生长非常缓慢，它从出壳开始必须经过 20 年才能达到性成熟阶段，现代人类又大量捕杀楔齿蜥，它们的灭绝之日也许并不遥远了。

拓展阅读

视 网 膜

视网膜居于眼球壁的内层，是一层透明的薄膜。视网膜由色素上皮层和视网膜感觉层组成，两层间在病理情况下可分开，被称为视网膜脱离。色素上皮层与脉络膜紧密相连，由色素上皮细胞组成，它们具有遮光、散热以及再生和修复等作用。

◎ 同类相残的五步蛇

五步蛇，主要分布在中国的安徽、重庆、江西、浙江等地区以及越南北部。生活在海拔 100 ~ 1 400 米的山区或丘陵地带，大多栖息在山谷溪涧附近。

五步蛇是一种剧毒蛇。传说一旦被它咬伤，走不到 5 步就会死掉，所以称它为"五步蛇"。五步蛇长相很怪：三角头，凹眼睛，翘鼻子，身穿棋盘格式的外衣，血盆大口中有一副长长的毒牙。它在盛怒之下，会从牙管中喷出毒液，一次能喷出 2 米多远。五步蛇的尾端有一个尖尖的大刺，俗称"佛指甲"。五步蛇常用它在地上顶一下，加快爬行的速度。在受惊的时候，它的尾巴也会发出响声。

五步蛇不但会游泳，而且在水下待 1 小时也不会危及生命。它主要吃老鼠，食量非常大，每天吃的老鼠的重量相当于自己的体重。有时也以小吃大，一条小五步蛇，能够吞下和自己一样体重的大老鼠。这在动物界中

五 步 蛇

是罕见的。

五步蛇比别的蛇更凶残，表现在它的同类相残。丝毫不顾及父子、母子、手足之情，只要饥饿难忍，它就会吞吃自己的同类。

◎ "蛇中的骏马" ——响尾蛇

响尾蛇是生活在美洲、非洲的一种毒蛇。当碰上敌人或觉得自己受到威胁的时候，它就剧烈地摇动自己的尾巴，发出"嘎啦嘎啦"的声音，致使敌人不敢靠近或被吓跑。

响　尾　蛇

响尾蛇的身体呈黄绿色，背上有菱形的黑褐色斑纹。它在荆棘和草丛中的行进速度非常快，被誉为"蛇中的骏马"。响尾蛇的两只眼睛亮晶晶的，但视力并不好，可是响尾蛇却能在黑暗中准确迅速地追捕到猎物，这是因为响尾蛇的头部、眼睛和鼻孔间有颊窝，它能感觉到1/1000℃的温度变化，因而在漆黑的夜里也能发现猎物，并且能百发百中地捕获猎物。响尾蛇主要吃鼠、野兔，也吃小鸟、蜥蜴和其他蛇类。

响尾蛇的尾巴尖长着一种角质链状环，围成一个空腔，角质膜又把空腔隔成两个环状空泡，仿佛是两个空气振荡器，当响尾蛇不断摇动尾巴的时候，空泡内形成了一股气流，一进一出地来回振荡，空泡就发出响声了。

知识小链接

空　泡

空泡是指一部分压力降至水饱和蒸气压以下时产生的气泡，这些气泡是由蒸气和某些溶解于水中的气体组成的。这种现象会引起周围的流体产生剧烈的压力变化，发出声音。

◎巨大的蟒蛇

蟒蛇是蛇类中体形最大的，属于蛇目蟒科。世界上最大的蟒蛇是产于南美森林中的水蟒，也叫森蚺。成年的森蚺体长9.9米，腹部最粗直径35厘米左右，体重达300千克。蟒蛇是无毒蛇，体形又粗又大，身上的斑纹非常美丽。这种蛇是很原始的，因为它的肛门两侧还残留着一对蛇脚。它的眼睛永远是睁着的。它的舌头代替了鼻子，能分辨周围的气味，但却不能分辨酸、甜、苦、辣的味道。

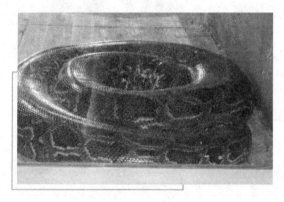

蟒蛇

蟒蛇生活在亚洲南部热带和亚热带地区的树林中或溪水旁，主要食物是鹿和大型鸟类等。它常缠绕在树上，一旦猎物走近，它就采取突然袭击的方式，一口咬住它，很快把它缠死，然后整个吞下。蟒蛇嘴的关节是用韧带连接的，可以自由伸缩。吞吃食物时，它可以把嘴巴张大到130°，甚至180°，来吞吃比它自己头大好几倍的动物。

◎蛇之煞星——眼镜王蛇

眼镜王蛇主要分布于印度经东南亚至菲律宾和印度尼西亚一带，在海拔1 800～2 000米的山林的边缘靠近水的地方生活。它体型较大，最长可达6米，在它黑、褐色的底色上间有白色条纹；它的腹部颜色为黄白色。幼蛇为黑色，并有黄白色条纹。

眼镜王蛇喜欢独居。白天出来捕食，夜间隐匿在岩缝或树洞内歇息。它不但非常凶猛，靠喷射毒液或扑咬猎物获取食物，而且还是世界上最大的一种前沟牙类毒蛇。眼镜王蛇之所以闻名遐迩，是因为它除了捕食老鼠、蜥蜴、小型鸟类，同时还捕食蛇类，包括金环蛇、银环蛇、眼镜蛇等有毒蛇种。

眼镜王蛇

眼镜王蛇属卵生动物，通常用落叶筑成巢穴，每年 7～8 月产卵，每次产 20～40 枚卵于落叶所筑巢中，卵径达 65.5 毫米×33.2 毫米。雌蛇有护卵性，长时间盘伏于卵上护卵，孵出的幼蛇体长为 50 厘米。

因为眼镜王蛇肉质鲜美，蛇皮可制成工艺品，蛇毒、蛇胆又有极高的药用价值，所以在野外被发现的眼镜王蛇无一幸免，全部遭到捕杀，如不及时采取保护，有灭绝的可能。

在毒王榜上排名第九，专以吃蛇为生的眼镜王蛇令众多蛇类闻风丧胆，它的地盘休想有其他蛇类生存。一旦它受到惊吓，便凶性大发，身体前部高高立起，吞吐着又细又长、前端分叉的舌头，头颈随着猎物灵活转动，猎物想逃，可没那么容易！最可怕的是，即使不惹它，它也会主动发起攻击。被它咬中后，大量的毒液会使人不到 1 小时就死亡。

◎ 高等爬行动物——鳄鱼

鳄鱼是世界上最凶残的动物之一，但也是现代爬行类中身体结构最高级的动物，属于鳄目鳄科。

鳄鱼长脸大嘴，满口尖利的牙齿，扁圆形的身体外面披了一层厚厚的胄甲，尾巴又长又粗，4 条腿却又粗又短。鳄鱼用肺呼吸，心脏分为 4 个心室；它的口腔顶壁有一块骨质的腭，把鼻腔和口腔隔开；它的牙齿只生在上下颌的齿槽内，这都和哺乳动物相似。独特而有趣的是鳄鱼的后腭部生有肌肉质的褶膜，称为"腭帷"，隔开了口腔和鼻咽道。当鳄鱼在水中张口时，只要把

鼻孔露在水面上，就能进行呼吸。它的鼻孔和眼睑都能自由开关，这些都是对水生生活的巧妙适应。

过去有人用"鳄鱼的眼泪"来形容伪君子的怜悯，其实鳄鱼流泪是为了排出体内多余的盐分，正巧它排盐的腺体长在眼睛附近。当它吞吃动物时，正在排出盐分，因此人们误认为它在流泪。

鳄 鱼

鳄鱼吃多种动物，有时也袭击人。世界上现存的鳄鱼有 25 种，大部分生活在热带和亚热带的水域中。其中湾鳄体型最大，而我国的扬子鳄体型最小。

基本小知识

腭

腭为口腔上壁，可分软腭和硬腭两部分，硬腭是以骨质作为基础，表面覆以黏膜而成；软腭连于硬腭之后，由肌肉和黏膜组成，其后缘中央有一向下垂的突起，称为腭垂。

◎ "土龙" ——扬子鳄

扬子鳄也叫中华鼍，是世界上最珍贵的动物之一，因为产在我国的扬子江（长江）而得名，当地人称它为"土龙"。扬子鳄的模样十分迟钝：头颈短而粗，头好像直接长在躯干上，无法转动；它的 4 条腿又短又粗，支撑着沉重的身体，活动起来不大灵活。它的尾巴又硬又粗，但却是它捕

扬 子 鳄

食的武器。

扬子鳄是鳄鱼中体型最小的一种，它和一般的鳄鱼还有两个不同之处：一是它不像一般鳄鱼那样长年生活在水中，而是营巢定居。它留在陆地上的时间较多；二是它能发出吼声，这是一般鳄鱼所不具备的。因为扬子鳄的口腔与咽部之间有口盖膜与咽膜上下相连形成的类似声带的东西。求偶和下雨时，它便发出吼声。

扬子鳄每年从 10 月开始冬眠，直到第二年 3 月才出来活动。现已被列为我国国家一级保护动物。

◎ 稀有的科莫多龙

科莫多龙长得非常像早已绝迹的恐龙，它只生活在印度尼西亚的科莫多岛上。其实它是一种巨型的蜥蜴。成年的科莫多龙一般身长可达 4 米，体重为 100 千克左右。巨大的头，没有耳壳，头后却长着一个大耳孔。它是个"聋子"，连巨大的爆炸声也听不见，它还是个

科莫多龙

"哑巴"，即使在争斗时，也只能发出轻微的"嘶嘶"声。它的 4 只脚短而健壮，能在草丛和地面快速爬行。

科莫多龙是食肉动物，专门捕食鹿、羊、猴、小鸟等。它的舌头又细又长而且分叉，是它的嗅觉器官。它常常边走边舔舌头，悄悄地跟踪猎物，猛地用大尾巴将对方击倒，然后张开大嘴，用锋利的牙齿咬嚼吞食。科莫多龙不仅唾液中含有大量细菌，而且其下颚发达的腺体能够分泌致命毒液。

科莫多龙是卵生的，每年产蛋 5～20 个，小科莫多龙过了 4 岁就能捕食

了。科莫多龙是地球上残存下来的远古爬行动物的后代，现在也濒临绝种。

知识小链接

卵　生

动物的受精卵在母体外独立发育的过程叫卵生。卵生的特点是在胚胎发育中，全靠卵自身所含的卵黄作为营养。卵生在动物中很普遍。

◎ "会哭" 的娃娃鱼——大鲵

娃娃鱼不是鱼，而是一种两栖动物。它长着一副怪样子：头大，扁圆而宽，嘴也大，眼睛很小，尾巴很扁。身体呈棕褐色，皮肤润滑无鳞，长着4只又短又胖的脚。全身光滑，前肢很像婴儿的手臂，叫声也很像婴儿啼哭，所以俗称娃娃鱼。它的学名叫大鲵。娃娃鱼有四肢，用肺呼吸，但由于发育不完善，还要借湿润的皮肤来辅助呼吸。这证明了现代的陆生动物是由古代水生动物进化而来的这一观点。

娃　娃　鱼

娃娃鱼的生活习性很奇怪，它生活在山区清澈而湍急的溪流中，居住在石缝或岩洞中，白天睡觉，晚上出来捕食鱼、虾、昆虫、蛇、蛙等。它的牙齿不能咀嚼，只能将食物吞下后，在胃里慢慢消化。它可以几个月不吃东西，有冬眠的习惯。

娃娃鱼是我国国家二级保护水生野生动物，是野生动物基因保护品种。现在世界上生活的娃娃鱼除我国的大鲵外，还有日本的大山椒鱼和美国的隐鳃鲵。大鲵是世界上现存最大也是最珍贵的两栖动物。

◎ "飞檐走壁" 的壁虎

壁虎又叫蝎虎，是夜间活动的一种爬行动物。它白天躲在僻静的阴暗角落，到了夜晚，凭借一身"飞檐走壁"的绝技，在屋檐下，墙壁上，窗纱或电线杆上行走自如，专门捕食蚊子、苍蝇和飞蛾等昆虫。

为什么壁虎能在光滑的墙壁和天花板上爬来爬去呢？原来，它的足趾前端膨大成软垫，由许多呈横向或扇状排列的板片构成。实际上是鳞片上覆盖着宛如一个个

壁 虎

像小钩子一样的绒毛。这些小钩子能轻而易举地抓住物体表面微乎其微的小突起。即使是光滑的玻璃表面，与这些微小的钩子相比，也算粗糙的了。但是如果让它在抛光的光滑表面上行走，那它就寸步难行了。

壁虎的尾巴有再生的能力，一旦遭到袭击，壁虎就会丢下尾巴溜之大吉，几天以后，它的尾部又会长出一条新尾巴来。

广角镜

抛 光

抛光是指利用机械、化学或电化学的作用，使工件表面粗糙度降低，以获得光亮、平整表面的加工方法。利用柔性抛光工具和磨料颗粒或其他抛光介质对工作表面进行的修饰加工。抛光不能提高工件的尺寸精度或几何形状精度，而是以得到光滑表面或镜面光泽为目的，有时也用以消除光泽（消光）。通常以抛光轮作为抛光工具。

◎ 我国分布最广的龟——乌龟

乌龟俗称中华草龟，是我国龟类中分布最广、数量最多的一种。是现存最古老的爬行动物之一。它全身是宝，具有较高的食用、药用和观赏价值。

乌龟身体为长椭圆形，背甲稍隆起，有 3 条纵棱，脊棱明显。头顶为黑橄榄色，前部皮肤光滑，后部有细鳞。腹甲平坦，后端具缺刻。颈部、四肢及裸露皮肤部分为灰黑色或黑橄榄色。雄性体型较小，尾长，有臭味。雌性背甲由浅褐色到深褐色，腹甲棕黑色，尾较短，体无异味。乌龟对环境的适应性强，对水质条件要求比较低，对不良水质有较大的耐受性。乌龟用肺呼吸，体表有角质发达的甲片，能减少水分蒸发。性成熟的乌龟将卵产在陆上，不需要经过完全水生的阶段。乌龟属杂食性动物，在自然界中，动物性饲料主要为蠕虫、小鱼、虾、螺蛳、蚌、蚬蛤、蚯蚓等，植物性饲料主要为植物茎叶、瓜果皮、麦麸等。

你知道吗

缺刻

缺刻是底板或底锥的凹刻，同样用于牙形刺本体任何边缘部位的凹刻。叶片边缘的凹凸不平，花瓣、翅膀或龟壳等部位上的残缺，也叫缺刻。

乌龟

◎ 曾经地球的统治者——恐龙

恐龙是生活在距今 7 000 万年到 2 亿多年前的一类巨大的爬行动物。它们种类繁多，形态各异。有生活在海洋里的鱼龙和蛇颈龙，有在天空中飞翔的飞龙、翼手龙，在陆地上也有各种各样的恐龙：有食肉的霸王龙、剑龙、角龙、曲甲龙；有食素的溪龙、鸭嘴龙、甲龙、雷龙等。不论是在海洋，陆地还是在天空，各种种类的恐龙都占据了霸主地位。在它们生活的时代，恐龙是地球的统治者。最大的恐龙骨骼是在美国科罗拉多台地的干枯的河床里发现的，它体长 24 米，重约 80 吨，高达 15～18 米，仅脖

恐龙复原图

子就有 12 米长，大概生活在 1.4 亿年前的侏罗纪后期，是素食恐龙。最小的恐龙像鸡那么大。最凶残的要算霸王龙了，它身长 17 米，站立起来有 6 米高。它还长着匕首般的牙齿，专门捕食那些吃素的恐龙，手段相当残忍。

　　恐龙在地球上辉煌了 1.3 亿年左右，对于那个失落的世界，我们只能在电影中去发挥自己的想象力了。

知识小链接

河　床

　　河床是指河谷中平水期水流所占据的谷底部分，也称河槽。河床由于受侧向侵蚀作用而弯曲，经常改变河道位置，所以河床底部冲积物复杂多变。一般来说山区河流河床底部大多为坚硬岩石或大颗粒岩石、卵石以及由于侧面侵蚀带来的大量的细小颗粒。平原区河流的河床一般是由河流自身堆积的细颗粒物质组成，黄河就是一个例子。

鱼 类

　　鱼类几乎栖居于地球上所有的水生环境中，它是脊椎动物亚门中最原始最低级的一类。鱼类一般分为两类：有颌和无颌。形形色色的鱼类世界里有很多有趣的鱼。有会飞的鱼，有会爬树的鱼，还有奇怪的四眼鱼和能治疗风湿病的电鳐。如此神奇的鱼类世界，跟我一起去看看吧！

概　述

鱼类是最古老的脊椎动物。它们几乎栖居于地球上所有的水生环境——从淡水的湖泊、河流到咸水的大海。

鱼类是终生生活在水中，用鳃呼吸，用鳍辅助身体平衡与运动的变温脊椎动物。已探明的约有 2 000 种，是脊椎动物亚门中最原始最低级的一类。

基本小知识

变温动物

体温随着外界温度改变而改变的动物，叫作变温动物。如鱼、蛙、蛇、变色龙等。变温动物又称冷血动物，地球上的动物大部分都是变温动物。变温动物并不是需要寒冷，而是其体温与其所生活的环境类似。

鱼类一般分无颌和有颌两大类。

无颌类：脊椎呈圆柱状，终身存在，无上下颌。起源于内胚层的鳃呈囊状，故又名囊鳃类；脑发达，一般具 10 对脑神经；有成对的视觉器和听觉器。内耳具 1 或 2 个半规管。有心脏，血液红色，表皮由多层细胞组成。偶鳍发育不全，有的古生骨甲鱼类具胸鳍。对无颌类的分类不一，一般将其分为：盲鳗纲、头甲鱼纲、七鳃鳗纲和鳍甲鱼纲。

你知道吗

鳕　形　目

鳕形目是脊索动物门、脊椎动物亚门、硬骨鱼纲、辐鳍亚纲、鲑鲈总目的一目，因其典型属种的肉洁白如雪而得名，包括鳞鳗鳕亚目、鳕亚目、长尾鳕亚目和蛇鳚亚目 4 亚目 11 科约 162 属 708 种。

有颌类：具上下颌。多数具胸鳍和腹鳍；内骨骼发达，成体脊索退化，具脊椎，很少具骨质外骨骼。内耳具 3 个半规管。鳃由外胚层组织形成。由盾皮鱼纲、软骨鱼纲、棘鱼纲及硬骨鱼纲组成。其中盾皮鱼纲和棘鱼纲只有化石种类。分布在世界各地，主要栖息于低纬度海区，个别种类栖于淡水。现存种类分属板鳃亚纲和全头亚纲。硬骨鱼纲内骨骼已骨化，具骨缝，头部常披膜骨，体披硬鳞或骨鳞。是现存鱼类最繁茂的一大分支，可分为总鳍亚纲、肺鱼亚纲和辐鳍亚纲等 3 亚纲。辐鳍亚纲是最多的一个类群。其中鲈形目种类最多，除鲤形目分布于淡水、鲑形目多为溯河性鱼类外，其他各目主要分布在海洋。

知识小链接

半　规　管

　　半规管是维持姿势和平衡有关的内耳感受装置。半规管是人和脊椎动物内耳迷路的组成部分，为三个互相垂直的半圆形小管。可分骨半规管和膜半规管。不论骨半规管还是膜半规管，均可分为上半规管、后半规管和外半规管。膜半规管内外充满淋巴。半规管一端稍膨大处有位觉感受器，能感受旋转运动的刺激，通过它引起运动感觉和姿势反射，以维持运动时身体的平衡。

◉ 形形色色的鱼类

◉ 江河中的 "魔王" ——电鳗

　　电鳗是生活在南美洲的一种会放电的鱼。它的形状有些像鳗鱼，有人腿那么粗，身长 2 米多，重 20 多千克，身体光滑无鳞。因为它的肛门长在喉部，所以尾巴显得很长，尾巴大约占体长的4/5。

电鳗是河湖里的"魔王"，当它寻找食物或遭到袭击的时候，就会立即放电，即使像鳄鱼那样凶猛的动物，也会被它电得半死不活。电鳗之所以能放电，是因为在它尾部两边的皮下，各有一对"发电器"，来源于肌肉组织，并受脊神经支配。电鳗发电的电压最高可达800伏，在水

拓展阅读

电 压

电压，也称电势差或电位差，是衡量单位电荷在静电场中由于电势不同所产生的能量差的物理量。

里的有效范围是3～6米，电鳗是现在所有生存的鱼类中发电能力最强的。它可以将水中的人，过河的牛和马电晕。电鳗每放一次电后，要24小时之后才能继续放电。

◎ 能治疗风湿病的电鳐

电鳐的模样很怪，扁平的身子，头和胸部连在一起，浑身光滑无鳞，后面拖着一条粗棒般的尾巴，整个身体像一把厚厚的团扇。背前方长着一对小眼睛，腹面前端生有一张小嘴，两侧各有5个鳃孔。主要生活在太平洋、大西洋、印度洋等热带

电 鳗

和亚热带海域里。

电鳐栖居在海底，一对小眼长在背侧面前方的中间。在头胸部的腹面两侧各有一个肾脏形蜂窝状的发电器。它们排列成六角柱体，叫"电板柱"。电鳐身上共有2 000个电板柱，有200万块"电板"。这些"电板"之间充满胶质状的物质，可以起绝缘作用。每个"电板"的表面分布在神经末梢，一面为负电极，另一面为正电极。电流的方向是从正极流到负极，也就是从电鳐

的背面流到腹面。在神经脉冲的作用下，这两个放电器就能把神经能变成为电能，放出电来。被这种电流刺激还能治疗风湿病、癫狂病等，所以电鳐又是治疗风湿病的"医生"。电鳐凭着自己的"电武器"，在海洋里几乎是无敌的。

电　鳐

电鳐的种类很多，发电的能力也各不相同，最大的一次发电的电压有200伏，最小的一次只能发出37伏。

◎ 会飞的鱼——飞鱼

飞鱼是一种能够跃出水面滑翔飞行的鱼。飞鱼有一对又长又大的胸鳍，伸展开的胸鳍就像鸟儿的两只翅膀一样，相当于身体长度的2/3。它还有一对腹鳍紧贴在身体的两侧，飞鱼起飞前，先挥动鱼鳍，尾巴左右猛烈地拨水摆动，快速地游泳。快接近海面时，就将胸鳍和腹鳍贴在身体的两边，然后用强有力的尾巴剧烈地摆动，使它产生一种后助力量，推进鱼体破水而出。它一出水面，就立刻展开胸鳍，迎着海面上的气流滑翔飞行。飞鱼每秒能滑行10～20米，滑行高度4～6米，最高可达12.5米。飞鱼滑翔飞行，也得到了风的帮助，顺风时，它可以飞得更高更远。飞鱼只有在遇到大鱼追捕时才

飞　鱼

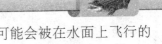

不得不飞出海面，不过飞鱼的飞翔也不安全，有可能会被在水面上飞行的海鸟吃掉。

知识小链接

胸　鳍

　　胸鳍相当于高等脊椎动物的前肢，位于左右鳃孔的后侧。主要是使身体前进和控制方向或行进中起"煞车"的作用。当鱼停止前进时，胸鳍用于控制鱼体的平衡；缓缓地游动时，胸鳍又起着船桨的作用；高速行进时，胸鳍紧贴鱼体，举起胸鳍便可减速或制动；当胸鳍一侧紧贴鱼体，一侧举起，则鱼体朝举起的一侧拐弯前进，协助鱼尾起舵的作用。

◎ 会爬树的鱼——攀鲈

　　攀鲈是一种能离开水，在陆地上爬行的鱼。它生活在中国、印度、缅甸和菲律宾的淡水或咸淡水河湖中。它个子不大，每当旱季河水快要干涸的时候，它就会离开水，用鳃盖上的钩刺顶着地面，依靠胸鳍和尾巴，慢慢地爬行，有时能爬得很远，甚至还会爬到树上。

　　攀鲈鳃腔内的背部，生有像木耳一样的褶状的薄膜，动物学上叫作鳃上副呼吸器，可以协助鳃呼吸。因为在薄膜上有许多微血管，空气里的氧气可以通过这些微血管进入血液，并排出二氧化碳，起到呼吸作用。

攀　鲈

◎ "游泳冠军"——剑鱼

剑鱼是一种凶猛的大型食肉鱼类。它的体长可达 3～5 米，重 400 千克。上颌突出很长，骨质坚硬，好像一把利剑，长而尖的吻部，占鱼全长的 1/3。尾巴为半月形，幼鱼的上下颌都生有牙齿，长大后牙齿会自行消失。

剑　鱼

剑鱼喜欢生活在大海的上层，它是动物中的游泳冠军，每小时最快可游 119 千米。

剑鱼性情凶猛，它常常追逐鱼群，到处乱撞，用它的长箭去刺杀鱼类。有时还潜到 500～800 米的深海中追捕鱼类。一旦它发起怒来，还会冲向鲸鱼、木船和汽艇。它凭借着锐利的长剑，加上速度快，冲击的力量大，就算钢板也可能会被穿透。

◎ 奇怪的四眼鱼

四眼鱼的两眼突出在头部，看上去好像两只圆泡泡，每只眼睛由一条水平的黑色的带，分隔成两半，每部分各有不同的构造，各有自己的焦距。平时在水表层游动，眼睛的上半部分露出水面，是远视眼，能看到空中飞行的昆虫，可以捕食。眼睛的下半部分浸没在水面下，是近视眼，能够看到水中的东

四 眼 鱼

西，逃避敌害的侵犯。这种鱼在水面上成群游泳的时候，水面正好与那条眼睛的黑色水平带相吻合。

四眼鱼生活在中美洲和南美河流里，大约有 30 厘米长，身体半透明，杂食性，吃昆虫、其他无脊椎动物、泥土上的硅藻和小鱼等。母四眼鱼能直接生出幼鱼，而不像一般的鱼那样，先产卵，再孵化出幼鱼。

趣味点击　远视眼

处在休息状态的眼睛使平行光在视网膜的后面形成焦点，称为远视眼。远视眼是由于眼轴较短，在不使用调节状态时，平行光线通过眼的曲折后主焦点落于视网膜之后，而在视网膜上不能形成清晰的图像。为了看清远处物体，要利用调节力量把视网膜后面的焦点移到视网膜上，一般用凸透镜矫正，故远视眼经常处在调节状态，易发生眼疲劳。

基本小知识　焦距

焦距是光学系统中衡量光的聚集或发散的度量方式，指平行光从透镜的光心到光聚集之焦点的距离。亦是照相机中，从镜片中心到底片或 CCD 等成像平面的距离。具有短焦距的光学系统比长焦距的光学系统有更佳聚集光的能力。简单地说焦距是焦点到面镜的顶点之间的距离。

◎ "水枪射击手" ——射水鱼

射水鱼是一种色彩鲜艳的奇怪小鱼，生活在玻利尼西亚的河流、小溪里。它体长有 20 厘米左右，长着一对凸出的眼睛，眼白上有一条不断转动的竖纹。不仅能看到水面的东西，而且能察觉空中的物体。这种鱼擅长一套高明的射水"枪法"，依靠这一手可以击落岸上或空中飞舞的昆虫。

射水鱼一旦发现有可以捕捉的对象。它便把嘴唇上的小槽对准昆虫的方向，先进行瞄准。射击时张开下鳍，使身体和水面成垂直线，嘴尖突出水面

射 水 鱼

之上，突然压缩鱼鳃，准确地喷射出一股水流，一下子把昆虫打落到水里，再一口把昆虫吞下。它不但能击中停息的昆虫，还能射中1米内飞行的昆虫呢！不愧为优秀的"水枪射击手"。它不仅能把苍蝇、蝴蝶、蜜蜂之类的小昆虫击落，甚至还能把人的眼睛打伤。有趣的是，当水弹快要打中目标时，就分散成好多小水弹，这就更容易击中目标了。射水鱼的最远射程可达3米。

◎古怪的鱼类——海马

海马是一种奇形怪状的鱼，它的外貌和游泳姿势与其他鱼类截然不同。它的头像马的头，身体由许多块骨板组成，能灵活地伸屈；骨板上还有许多突起，有的呈刺状，有的呈带状；胸鳍很小，背鳍却像一把绢扇，在水中摆动；长尾由许多节组成，伸缩自如。它游泳时，靠背鳍和胸鳍剧烈扇动，直立前进，好像人走路的样子。

海 马

有时它也用尾部伸展，弹跳着向前游动。它的嘴像一根吸管，捕食小型甲壳动物时，连水带物一起吸进去。由于海马具有特殊的体形及活动方式，大鱼往往错将它当成水草的一部分，放弃袭击它。

海马生儿育女的方式也很特别。每到繁殖季节，雄海马的腹部就会形成一个宽大的"育儿袋"，在上面有一个小开口。雌海马将卵产在"育儿袋"中，一次产100粒。大约20天后，雄海马的"育儿袋"打开，小海马们就钻了出来。这种奇妙现象叫"雄海马当妈妈"。

海马也是一种名贵的药材，有补肾壮阳、消症瘕的功效。主治肾虚阳痿、难产、症瘕、疔疮肿毒等症。

知识小链接

背　鳍

背鳍就是鱼背部的鳍，沿水生脊椎动物的背中线而生长的正中鳍，为生长在背部的鳍条所支持的构造。背鳍主要对鱼体起平衡的作用，如果剪掉背鳍，鱼就会侧翻，不能在水中直立。但也有些体形长的鱼类，背鳍和臀鳍可以协助身体运动，并推动机体急速前进。

◎ 眼睛长在一边的比目鱼

比目鱼又称偏口鱼。比目鱼喜欢栖息在浅海的沙质海底，捕捉小鱼虾。比目鱼头部颜色深，长着两只眼睛，下边颜色淡，不长眼睛。它的身体扁平，游泳时只能做侧面运动，身体上下弯曲，波浪式前进。

其实，刚孵出的小比目鱼和普遍的鱼一样，双眼长在头部两侧。它们生性活泼，常游到水面上玩耍。大约在出生20天以后，小比目鱼开

比　目　鱼

始侧着身子游泳，并较长时间躺在海底，天长日久，就使比目鱼那只靠近沙地的眼睛发生变化，眼睛下的软带不断增长，并渐渐向上移动，最后和上面那只眼睛并列，这时，上移的眼睛生成了眼眶骨，从此不再挪动位置，形成了双眼长在一边的怪模样。与此同时，向上侧的皮肤颜色逐渐变深，变得与生活环境极为相似，有利于隐藏自己，既可躲避敌害，又可使小鱼小虾放松警惕，成为比目鱼的食物。比目鱼能随着周围环境的改变而变换体色，这也是它的一种特殊本领。

◎ 喜欢打架的斗鱼

　　生活在亚洲及非洲淡水里的斗鱼，体色鲜艳又好斗，是著名的观赏鱼。它身长 7～8 厘米，全身浅绿，上面有 12 条黑色斑纹，会发出金黄色的闪光。小嘴巴，大眼睛，鳍条柔长如丝，我国的南方人又叫它"花毛巾"。

　　斗鱼把打斗当成家常便饭，两条雄鱼碰到一块就要搏斗，张开全身的鳍，互相撕咬，杀得难解难分。斗鱼在争斗时，全身的颜色会由浅绿色变成红色，再变成红里透紫，最后变成青黑色。

斗　鱼

　　在斗鱼繁殖的夏季里，雄斗鱼披着美丽的"外衣"寻找自己的伴侣，还不时从嘴里吐出一团团黏性气泡，筑成浮巢。雌斗鱼向雄斗鱼表示满意时，在自己褐色的身躯上也露出一些灰色条纹。这时，它们双双游到巢边，进行产卵仪式。雄鱼把受精卵用嘴送到浮巢内，然后将雌鱼赶走，在巢边独自守护，直到幼鱼孵化出来为止。

广角镜

受　精　卵

　　精子与卵子在输卵管里奇迹般地会合后，形成一个受精卵。卵子受精后，分裂为两个细胞，大约每隔12小时分裂一次。这团细胞从输卵管进入子宫时，分泌出液体，于是膨胀成一个空心球，叫作胚泡。这个空心球在几天内会变成两层，球内含有微量液体，细胞团堆在球的一侧。球壁以后会变成胎盘和羊膜，里面的细胞则会变成胎儿。

◎ 长鼻子的白鲟

　　白鲟又叫象鱼、象鼻鱼，是最大的淡水鱼类，可称得上是稀世珍宝，被列为我国国家一级保护动物，有"水中大熊猫"之称。

　　白鲟的头很尖，吻部长而尖，有一个能伸缩的弧形嘴巴，还有一对须。整个身体呈梭子形，它的骨骼大都是软骨质，鳞片却是坚硬的骨板，成五菱形排

你知道吗

鱼　胶

　　鱼胶是一种功能性鱼蛋白，在外观上，新鱼胶较白且透明，旧鱼胶深黄，而且布满裂纹。在食味方面，新鱼胶口感黏腻，旧鱼胶则全无黏性，且煲过变得很厚，甚至超过1厘米，犹如吃松糕般。鱼胶为白色粉粒。

列在身体表面，所以它属于软骨硬鳞鱼类，构造原始。白鲟的身体长2～3米，重200～300千克，最大的体长达7.5米，体重有1 000千克。

　　白鲟性情非常凶猛，专吃各种鱼类，还吃些虾、蟹之类的小动物。平时喜欢在江河中层独自居

白　鲟

住，到了刮风涨潮的时候，异常活跃。白鲟也是我国特有的大型经济鱼类，栖息于长江干流的中下流，它的肉和卵可以食用，鱼鳔和脊索可以制成鱼胶。寿命为 20～30 年。

◎产卵最多的鱼——翻车鱼

翻车鱼是世界上最重的硬骨鱼类，它的体形外观呈椭圆扁平状，像个大碟子。身体偏短而两侧肥厚，头小、嘴小、尾鳍也退化无尾柄，很短；没有腹鳍，但背鳍与臀鳍发达，且相对较高。体侧呈灰褐色、腹侧则呈银灰色。翻车鱼看上去就好像被人用力切去了一半一样。因此，它也叫头鱼。鳞片特化为粗糙的表皮。一只成年翻车鱼大约有 1.5 米长，最长的有 5.5 米，重达 1 400 千克。

翻 车 鱼

拓展阅读

硬 骨 鱼

　　硬骨鱼是脊椎动物亚门硬骨鱼纲中所有种类的通称，包括现存鱼类的绝大部分，几乎包括世界所有供垂钓的鱼种与经济鱼种。主要特征是具有至少一部分由真正的骨（与软骨对照而言）组成的骨骼。其他特征包括：大多数种类具泳鳔（有浮力的气囊），鳃室覆以鳃盖，有骨质板状鳞片，头骨有接缝以及体外受精。

翻车鱼还是世界上产卵最多的鱼，一只母翻车鱼一次产卵量最多时有 3

亿粒，每粒直径大约 1.27 毫米，不过真正能孵出幼鱼的卵不是很多，因为大部分卵因没有受精而成为废卵，还有大量的卵被其他鱼类吞食。刚孵出的幼鱼也和其他鱼类一样，不过长大了，就变成了和它父母一样的怪模样了。

◎游泳健将——旗鱼

旗鱼，又叫芭蕉鱼，是世界上游得最快的鱼类之一，体形呈圆筒形，但背腹宽阔，较平直。尾柄亦宽。头吻部钝圆。尾鳍外缘平直。背鳍大于臀鳍，背、臀鳍缘弧形。体色多变，有红、淡黄、蓝、紫红等色，有深有浅，有偏

旗　鱼

蓝或偏红。上颌像剑一样向前突出。青褐色的身躯上，镶有灰白色的斑点，这些圆斑成纵行排列，看上去像一条条圆点线。旗鱼的第一背鳍长得又长又高，前端上缘凹陷，它们竖着的时候，仿佛是船上扬起的一张风帆，又像是扯着的一面面旗帜。人们因此叫它旗鱼。以小鱼和乌贼类等为食。它生活在海洋的上层，在海洋表层游泳时，背鳍常常露出水面，仿佛像一条竖着帆的小船。旗鱼的背鳍作用可大了，能够自由升降，当它快速游泳时，它就将背鳍降落在基部下陷的沟里，可以减少阻力，如果要减慢游泳速度，旗鱼又将背鳍高高竖起。旗鱼是著名的游泳健将，旗鱼的种类很多，分布在太平洋、大西洋和印度洋。

◎世界上最大的鱼——鲸鲨

鲸鲨不是鲸，而是一种鲨鱼，因为它身体巨大像鲸鱼，所以叫它鲸鲨。最大的鲸鲨，身长有 20 米，体重可达 20 吨，相当于 4 头大象的重量。鲸鲨的

身体呈灰褐色或青褐色，有许多黄色的斑点或横纹。鲸鲨虽然身体巨大，但它的牙齿却很小，因此只能靠吞食海洋里的小生物为生。鲸鲨常用自己宽大的头部将海水划开，有节奏地张开和关闭它的大嘴巴，不停地在水里上下浮沉，这就是鲸鲨在吞食大量小生物。

鲸鲨生活在热带和温带的大海之中，也会游到我国的南海和东海等处。它性情温和，从不伤人，是一种温顺的观赏动物。鲸鲨的经济价值很高，肝脏特别大，约占体重的 1/4，加工后的肝油，

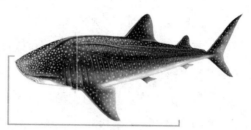

鲸　鲨

可做机器油和肥皂，皮可以制皮革，肉、骨头和内脏可制成鱼粉，作饲料喂牲口。

◎ "水中恶魔" ——食人鱼

食人鱼生活在安第斯山脉以东、南美洲的中南部河流，巴西、圭亚那的沿岸河流。在阿根廷、玻利维亚、巴西、哥伦比亚、圭亚那、巴拉圭、乌拉圭、秘鲁及委内瑞拉都有发现的记录。

食 人 鱼

食人鱼（又名食人鲳）栖息在主流、较大支流，河宽甚广、水流较湍急处。在巴西的亚马逊河流域，食人鱼被列为当地最危险的四种水族生物之首。在食人鱼活动最频繁的巴西马把格洛索州，每年约有 1 200 头牛在河中被食人鱼吃掉。一些在水

中玩耍的孩子和洗衣服的妇女不时也会受到食人鱼的攻击。食人鱼因其凶残特点被称为"水中恶魔"、"水鬼"。成年食人鱼主要在黎明和黄昏时觅食，以昆虫、蠕虫、鱼类为主，但其有些相近种类只吃水果和种子。食人鱼的活动以白天为主，中午会到有遮蔽的地方休息。

成熟的食人鱼雌雄外观相似，具鲜绿色的背部和鲜红色的腹部，体侧有斑纹。有高度敏锐的听觉。两颚短而有力，下颚突出，牙齿为三角形，尖锐，上下互相交错排列。咬住猎物后不放，以身体的扭动将肉撕裂下来，牙齿的轮流替换使其能持续觅食，而强有力的齿列可严重地咬伤猎物。

繁殖期时食人鱼会将卵产在水中的树根上，卵具黏着性。一次可产上千颗的卵。亲鱼会有护卵的行为，受精卵在 9 ~ 10 天孵化。河水的泛滥情形会影响其繁殖的成功率。

如果猎物在水中保持静止，食人鱼就不能发现猎物。即使在猎物身上有伤口的情况下也不例外。因为食人鱼对人或动物的攻击并不是依靠灵敏的嗅觉，而是凭借着水花和水里的波动感觉猎物的存在。

食人鱼常成群结队出没，每群会有一个领袖，其他的会跟随领袖行动，连攻击的目标也一样。在旱季时，水域变小，使得食人鱼集结成一大群，经过此水域的动物或人就更容易受到攻击。

◎ 美味的大黄鱼

大黄鱼别称黄花、大鲜、黄瓜鱼、大黄花鱼，是我国近海主要经济鱼类，为传统"四大海产"（大黄鱼、小黄鱼、带鱼、乌贼）之一。

大黄鱼分布于黄海中部以南至琼州海峡以东的中国

大 黄 鱼

大陆近海及朝鲜西海岸，雷州半岛以西也偶有发现。

    大黄鱼为暖温性近海集群洄游鱼类，主要栖息于 80 米以内的沿岸和近海水域的中下层。产卵鱼群怕强光，喜逆流，好透明度较小的混浊水域。黎明、黄昏或大潮时多上浮，白昼或小潮时下沉。成鱼主要摄食各种小型鱼类及甲壳动物（虾、蟹、虾蛄类等）。生殖盛期摄食强度显著降低；生殖结束后摄食强度增加。幼鱼主食糠虾、磷虾等浮游动物。

知识小链接

洄 游

    洄游是鱼类运动的一种特殊形式，是一些鱼类的主动、定期、定向、集群、具有种族特点的水平移动。洄游也是一种周期性运动，随着鱼类生命周期各个环节的推移，每年重复进行。洄游是长期以来鱼类对外界环境条件变化的适应结果，也是鱼类内部生理变化发展到一定程度，对外界刺激的一种必然反应。

    大黄鱼能发出强烈的间歇性声响，同时对声音也很敏感。它的主要发音器官是鳔及其两侧的声肌。当声肌收缩时，压迫内脏与鳔共振而发声。在生殖季节鱼群终日发出"咯咯"、"呜呜"的叫声，声音之大在鱼类中少见。这种发声一般被认为是鱼群联络的手段，在生殖时期则作为鱼群集合的信号。中国渔民早就以此习性判断大黄鱼群的大小、栖息水层和位置，以利捕捞。

基本小知识

浮 游 动 物

    浮游动物是一类经常在水中浮游，本身不能制造有机物的异养型无脊椎动物和脊索动物幼体的总称，是在水中营浮游性生活的动物类群。它们或者完全没有游泳能力，或者游泳能力微弱，不能远距离的移动，也不足以抵拒水的流动力，随水流而漂动。

拓展阅读

共　振

共振是指一个物理系统在特定频率下，以最大振幅做振动的情形，此一特定频率称之为共振频率。自然界中有许多地方有共振的现象，人类也在其技术中利用或者试图避免共振现象。

◎ 珍贵的金线鱼

金线鱼俗名红衫、红哥鲤、吊三、拖三、瓜三、黄肚，分布于北太平洋西部。产于我国南海、东海和黄海南部，其中南海产量较多，主要渔场有南海北部湾各渔场。

金线鱼的身体长，背腹缘皆钝圆，一般体长 19～31 厘米，体重 50～150 克。吻钝尖，口稍倾斜，上颌前端有 5 颗较大的圆锥形齿，上下颌两侧皆有细小的圆锥齿。鱼体呈深红色，腹部较淡，鱼体两侧有 6 条明显的黄色纵带。背鳍长，尾鳍叉形，其上叶末端延长成丝状。背鳍及尾鳍上缘为黄色，背鳍中下部有一条

滇　池

滇池亦称昆明湖、昆明池，位于中国云南省。在昆明市西南方向，是云南省最大的淡水湖泊之一。连同湖西侧的西山是著名游览、疗养胜地。由构造陷落而成，有盘龙江等河流注入。湖面海拔 1 886 米，面积 330 平方千米，平均水深 5 米，最深 8 米。

黄色纵带，臀鳍中部有 2 条黄色纵带。

金钱鱼是温水性高原湖泊特有的小型名贵鱼类。生活于 18～220 米深的

金线鱼

海域，喜栖息于沙泥底质地区。肉食性，以小鱼及甲壳类浮游动物为主。繁殖期在5～6月。分布于云南3个湖泊的金线鱼以滇池最多。自20世纪70年代起，由于污染造成水质富营养化，沿岸居民和工厂从地下水出口洞穴内抽取地下水，且砌石为池，使洞口与滇池的通道隔断，破坏了金线鱼的洄游产卵环境，现在滇池的金线鱼已基本绝迹。抚仙湖和阳宗海的生态环境无多大变化，所以金钱鱼仍可存活。

◎河 豚

体内有毒的河豚又名鲀鱼、气泡鱼、辣头鱼。河豚的身体短而肥厚，生有毛发状的小刺。坚韧而厚实的河豚皮曾经被人用来制作头盔。河豚的上下颌的牙齿都是连接在一起的，像一块锋利的刀片。河豚一旦遭受威胁，就会吞下水或空气使身体膨胀成多刺的圆球，令敌人很难下嘴。许多种类的河豚的内部器官含有一种能致人死命的神经性毒素。有人测定过河豚毒素的毒性。其实，河豚的肌肉中并不含毒素。河豚最毒的部分是卵巢、肝脏，其次是肾脏、

你知道吗

蒸 馏

蒸馏是一种热力学的分离工艺，它利用混合液体或液－固体系中各组分沸点不同，使低沸点组分蒸发，再冷凝以分离整个组分的单元操作过程，是蒸发和冷凝两种单元操作的联合。与其他分离手段，如萃取等相比，其优点在于不需使用系统组分以外的其他溶剂，从而保证不会引入新的杂质。

河豚

血液、眼、鳃和皮肤。河豚毒性的大小，与它的生殖周期也有关系。晚春初夏怀卵的河豚毒性最大。这种毒素能使人神经麻痹、呕吐、四肢发冷，进而停止心跳和呼吸。

与蛇毒、蜂毒和其他毒素一样，河豚毒素也有其有益的一面。从河豚肝脏中分离的提取物对多种肿瘤有抑制作用。人们已经将河豚肝脏蒸馏液制成河豚酸注射液，用于癌症临床及外科手术镇痛。

鸟 类

与其他陆生脊椎动物相比，鸟类是一个拥有很多独特生理特点的种类。鸟类是两足、恒温、卵生的脊椎动物，身披羽毛，前肢演化成翅膀，有坚硬的喙。鸟类的体型大小不一，既有很小的蜂鸟，也有巨大的鸵鸟和鸸鹋。鸟类种类繁多，分布全球。现在鸟类可分为三个总目：平胸总目，包括一类善走而不能飞的鸟，如鸵鸟；企鹅总目，包括一类善游泳和潜水而不能飞的鸟，如企鹅；突胸总目，包括两翼发达能飞的鸟，绝大多数鸟类属于这个总目。让我们一起了解鸟类！

➡ 概　述

　　鸟类通常是带羽、生蛋的动物，新陈代谢快，大部分的鸟类都可以飞。鸟类最先出现在侏罗纪时期，爬虫类和鸟类的始祖究竟是什么生物，在古生物学家中仍有争议。

　　全世界现有鸟类 9 000 余种，我国约有 1 329 种。绝大多数是树栖生活。少数地栖生活。水禽类在水中寻食，部分种类有迁徙的习性。主要分布于热带、亚热带和温带。国内的种类多分布于西南、华南、中南、华东和华北地区。鸟类体表被羽毛覆盖，前肢变成翼，具有迅速飞翔的能力。身体内有气囊；体温高而恒定，并且具有角质喙。

　　鸟类是由古爬行类进化而来的一种适应飞翔生活的高等脊椎动物。它们的形态结构除许多与爬行类相同外，也有很多不同之处。这些不同之处一方面是在爬行类的基础上有了较大的发展，具有一系列比爬行类高级的进步性特征，如有高而恒定的体温，完善的双循环体系，发达的神经系统和感觉器官以及与此联系的各种复杂行为等；另一方面为适应飞翔生活而又有较多的特化，如形体呈流线型，体表披羽毛，前肢特化成翼，骨骼坚固、轻便而多有合，具气囊和肺。气囊是供应鸟类在飞行时有足够氧气的构造。气囊的收缩和扩张跟翼的动作协调。两翼举起，气囊扩张，外界空气一部分进入肺里进行气体交换，另外大部分空气迅速地经过肺直接进入气囊，未进行气体交换，气囊就把大量含氧多的空气暂时贮存起来。两翼下垂，气囊收缩，气囊里的空气经过肺再一次进行气体交换，最后排出体外。这样，鸟类每呼吸一次，空气在肺里进行两次气体交换，气囊没有气体交换的作用，它的功能是贮存空气，协助肺完成呼吸动作。气囊还有减轻身体比重，散发热量，调节体温等作用。这一系列的特化，使鸟类具有很强的飞翔能力，能进行特殊的飞行运动。

气　囊

　　气囊是鸟类的一种呼吸系统。鸟类的呼吸系统非常特别，表现在具有非常发达的气囊系统和肺气管相连通。气囊主要由单层鳞状上皮细胞构成，有少量结缔组织和血管，气囊缺乏气体交换的功能。鸟类一般有9个气囊，其中与支气管相连通的为后气囊（腹气囊与后胸气囊），与腹支气管相通连的为前气囊（颈气囊、锁间气囊和前胸气囊），除锁间气囊为单个的之外，均为左右成对。气囊遍布于内脏器官、胸肌之间，并有分支伸入大的骨腔内。

▶ 形形色色的鸟类

◎ 比翼双飞的极乐鸟

　　极乐鸟属于雀形目极乐鸟科，是巴布亚新几内亚的国鸟。极乐鸟全身大部分为深褐色，头部为金绿色，身体两侧长着深黄色的长绒毛，闪闪发光。尾部当中长着两根长羽毛。多以果实、昆虫为食。极乐鸟有很多种，最著名的是无足极乐鸟、王极乐鸟、蓝极乐鸟、顶羽极乐鸟和带尾极乐鸟。无足极乐鸟长60多厘米，当它们狂欢起舞时，绒羽就竖立起来，形成两面金光灿烂的扇形屏风。蓝极乐鸟羽色鲜艳，雄鸟向雌鸟求爱时，会把自己倒悬在树枝上。顶羽极乐鸟头上有两

极　乐　鸟

根长达 60 厘米的羽毛，其中一根是褐色的，另一根上面长着蓝白色的光滑的细绒毛。带尾极乐鸟是极乐鸟中最名贵的一种，很不容易捕捉。极乐鸟常常雌雄比翼迎风飞翔，只要有一只被捉住，另一只鸟就会绝食而死。

◎ 不会飞的鸟——鹬鸵

鹬鸵又名几维鸟，是新西兰唯一保存下来的无翼鸟，它同食火鸡、鸸鹋等都是平胸鸟类的典型代表，因此显得格外珍奇，被新西兰确认为"国鸟"。因为它能发出"几维、几维"的叫声，故得名。几维鸟同母火鸡大小相似，它们是不像鸟的鸟类。因为不会飞，只好生活在灌木树丛中。几维鸟身材矮小，腿部强壮，羽毛细如发丝。它个儿不大，产的蛋却长 12 厘米，重

拓展阅读

火 鸡

火鸡，是一种原产于北美洲的家禽。火鸡体型比一般的家禽鸡大，可达 10 千克以上。根据传统，美国人会在感恩节及圣诞节烹调火鸡。和其他鸡形目鸟类相似，雌鸡较雄鸡小，羽毛颜色较不鲜艳。火鸡翼展开可达 1.5～1.8 米，是北美洲当地开放林地最大的鸟类。

400 克，相当于自己体重的 1/4。几维鸟面上长着须毛，嘴尖而细长，有趣的是鼻孔长在喙的最尖端。夜里出来觅食时，能觉察出藏在泥里的蠕虫。平时它喜欢吃昆虫、蚯蚓、蜥蜴、老鼠和贝类，一次能吃上几十条蚯蚓。它还有从树洞里拖出兔子，从海

几 维 鸟

水里捞鱼的"绝活儿"。几维鸟不怕人，常常冒冒失失地闯进人们的屋里。现在它们已经到了濒临灭绝的境地。

◎ 幽雅的天鹅

天鹅是一种非常珍贵而稀有的大型水鸟，属于雁形目鸭科。天鹅体型较大，可长达1.5米，全身洁白，嘴黑色，基部淡黄色，长颈、体坚实、脚大，在水中滑行时神态端庄，飞翔时长颈前伸，徐徐地扇动翅膀。天鹅可分为7类，其中有一种疣鼻天鹅，黑鼻子，红嘴巴；还有一种小天鹅，黄嘴巴，体型较小。它们都成群地生活在湖泊和沼泽地带。

天 鹅

每年春天，天鹅从南方飞到蒙古和我国内蒙古、新疆等地繁殖后代。天鹅妈妈产蛋时，天鹅爸爸在一旁"护卫"。一个多月后，小天鹅出世了。经过几天，小天鹅便学习游泳、捕鱼、扇翅、跳高和飞翔。接着，小天鹅也逐渐由浅灰色的"丑小鸭"，变成了高大、幽雅的白天鹅。

秋天，天鹅在高空中组成斜线或"V"字形队前进，飞往温暖的南方过冬。天鹅是飞得最高的鸟类之一，我国著名的天鹅湖在新疆开都河上游巴音布鲁克草原的自然保护区。

◎ 守情的鸳鸯

鸳鸯是一种美丽而珍贵的水鸟，属于雁形目鸭科。雄鸟的羽毛华美绚丽，背部褐色，腹部白色；头上长有红色的、绿色的、紫色的和白色的长羽毛；其翅膀是一对栗黄色的扇状翼羽，直立如帆。雌的比雄的小，头灰、背褐、腹

候鸟

很多鸟类具有沿纬度季节迁移的特性。夏天的时候这些鸟在纬度较高的温带地区繁殖，冬天的时候则在纬度较低的热带地区过冬。夏末秋初的时候这些鸟类由繁殖地往南迁移到过冬地，而在春天的时候由过冬地往北返回到繁殖地。这些随着季节变化而南北迁移的鸟类被称为候鸟。

部纯白，翼上没有帆羽。野生的鸳鸯是候鸟。春季，从我国华南一带和长江流域飞到东北和内蒙古等地繁殖，栖息于湖泊和山麓河溪中，吃种子、水草、昆虫、鱼虾和贝类。鸳鸯总是雌雄成对，永不分离，一旦择偶而配，则守情一生，丧偶后从此独居。所以人们把它们看成是真挚爱情和白头偕老的象征。

鸳鸯喜欢把巢筑在树洞里、

地面上或草丛中。它们常常飞落在树上，这是它们和其他水鸟类不同的特殊生活习性。鸳鸯每次产蛋6～10枚，经过21天左右，就可以孵出小鸳鸯来了。

◎ 戴"红帽子"的丹顶鹤

丹顶鹤又叫仙鹤，是我国稀有的珍惜禽类，属于鹤形目鹤科。

丹顶鹤全身几乎都是纯白色，只有喉、颊和颈部是暗色，头顶皮肤裸露，肉冠是美丽的朱红色，好像是戴了一顶红色的小帽子。它的气管比脖子更细长，好像弯曲

鸳　鸯

的喇叭管，鸣叫时声音洪亮而有回声。丹顶鹤可以活到50～60岁，是鸟类中的"老寿星"。丹顶鹤主要分布在亚洲的东北部和北美洲西部。在我国，丹顶鹤的家乡在东北的乌苏里江、松花江和黑龙江中游一带。丹顶鹤以鱼、虾、

丹 顶 鹤

水虫、贝类、青蛙、谷类和嫩草为食。

丹顶鹤筑巢在芦苇丛里，春季产蛋，每次两个，夏季孵出小鸟。秋冬时，要作季节性的迁徙，飞到南方去过冬。春季，再北返繁殖地产蛋育儿。丹顶鹤举止温雅而有节奏，常展翅引颈，翩翩起舞，是我国自古就喜欢饲养的鸟类的一种。

◎大个子——鹈鹕

鹈鹕是一种较古老的食鱼鸟，主要特征是：长嘴、大翼、短腿和四脚趾间长有蹼。身披白色的羽毛，宽大的翅膀上点缀着黑色条纹。小小的头颅和眼睛，配着一个硕大的嘴巴，嘴巴下面还挂着一个大皮兜，显得很不相称。

鹈 鹕

知识小链接

蹼

一些水栖动物或有水栖习性的动物，在它们的趾间具有一层皮膜，可用来划水运动，这层皮膜称为蹼。鸟类蹼的形态多样，可分为有蹼足、全蹼足、半蹼足、凹蹼足、瓣蹼足。

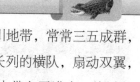

鹈鹕是捕鱼的能手，它们栖息在沿海的湖沼、河川地带，常常三五成群，相互合作捕鱼。在湖面上，它们排成半圆弧形队，或长列的横队，扇动双翼，拍打水面，把鱼群赶到浅水地方，然后张大嘴巴，连水带鱼吞进去，然后紧闭嘴巴，收缩"喉袋"，将水排出，把鱼吞下。剩下的鱼儿，还可以暂时保存在皮兜里。

鹈鹕也是对爱情忠贞不渝的鸟类之一，一旦雌鹈鹕和雄鹈鹕互相都选择了对方，它们就终生厮守，永不变心。鹈鹕用杂草和树枝在地上筑巢，营巢简单，每年产蛋一只。

◎ 勤劳的园丁鸟

园丁鸟是澳大利亚草原上的一种羽色鲜艳，生活方式十分有趣的鸟类，属于雀形目园丁鸟科。它的主要种类有紫园丁鸟和金园丁鸟。园丁鸟有的躯体为红褐色，头部羽冠为橙红色，有的前半身呈黄色，头上生着光彩夺目的金黄色羽冠，看上去很像知更鸟。

你知道吗

羽 冠

羽冠，亦称冠羽、冠毛。鸟冠的一种，是突出于各种鸟类头顶的总状、扇状等羽毛束。

园 丁 鸟

雄园丁鸟是具有园丁般的园艺天赋和建筑师的建筑本领的鸟类。每到生殖期间，雄鸟就开始精心建造引诱雌鸟到来的漂亮的"洞房"。它用树叶、鲜花等建筑材料搭建一座"凉亭"，在入口前面的空地上，特意散缀一层"偷"来的介壳、花朵、青果等奇怪的小东西。雌雄鸟便在其中举行结婚仪式。在这个婚礼上，琴鸟是园丁鸟的特邀嘉宾，充当乐队，使婚礼非常热闹。

知识小链接

知 更 鸟

　　知更鸟是一种细小的雀形目鸟类，身长约14厘米，长着红色的胸羽，黑色的脑袋，明亮的眼睛。它们栖息在树林中，也常常到地面上觅食，其他鸟类只会步行或者跳跃，而知更鸟却两样都会。知更鸟性情机警，只要稍稍受惊，就会立刻飞上树枝。知更鸟总是在白天飞行，是最早报晓的鸟儿，也是最后唱"小夜曲"的鸟儿。知更鸟的鸣声宛转，曲调多变，深受人们的喜爱。

在雌鸟孵蛋期间，雄鸟一点儿也不关心"子女"的事，仍然玩弄它的小东西，还经常外出寻找鲜花，摆在家门口。

◎ "长跑运动健将"——鸸鹋

鸸鹋是澳大利亚特产鸟类之一，也是澳洲最有代表性的走禽类动物。在澳大利亚的国徽上，左边是一只袋鼠，右边是一只鸸鹋。鸸鹋形似鸵鸟，高约1.5米，体重50～60千克，是世界上最大的陆地鸟类之一。它的翅膀已退化，不能飞翔，但脚很长，有3个趾，善于奔跑。大鸸鹋每小时可走60～100千米，是"长跑运动健将"。

鸸 鹋

鸸鹋又被称为"澳洲鸵鸟"，它虽然属于澳洲鸵鸟目鹤鸵科，但它和鸵鸟有很大的区别。鸵鸟的颈部几乎没有羽毛，鸸鹋的颈部羽毛非常丰满。在毛色上，鸵鸟是黑色或污灰色，鸸鹋是灰色和褐色相间。鸸鹋主要吃树叶和野果，实行"一夫多妻制"，筑巢、孵卵、育雏都由雄鸟担任。雌鸟产卵 7～16个，卵颜色深绿，极其美观，可以用来做装饰品。卵重 570～680 克，相当于 15 个鸡蛋的重量。奇怪的是雄鸟在孵卵的 50 天内不吃任何东西。

◎ "戴黄帽子" 的食火鸡

食火鸡又名鹤鸵，与鸵鸟、鸸鹋同属平胸总目，是澳洲的另一种著名的无翼鸟。食火鸡是典型的地面森林鸟类，高约 1.8 米，只会走不会飞。全身

披着黑色的长针形羽毛，头上戴着一个角质的"黄帽子"，颈部露出黄色的皮肤，喉下拖垂着一块红色的肉皮。传说它能吞食火炭，因此叫食火鸡。

食火鸡的食量很大，非常贪吃，就是石块、铁片或玻璃片也会吞到肚里。它怕见阳光，只在早、晚阳光不强烈的时候外出觅食。

食火鸡能奔跑，善跳跃，生性机警。鸣声粗如闷雷。性格凶猛，常用锐利的内趾爪攻击天敌。单栖或成对生活，在密林中有固定的休息地点和活动通道。食物随季节而变化，主要吃浆果，有时也吃昆虫、小鱼、鸟及鼠类。雌鸟在 6～9

食 火 鸡

月产卵，通常每窝 3～6 枚。卵呈暗绿色。孵化期约 49 天。2 岁之后就基本长成成鸟了。

◎ 不孵蛋的营冢鸟

营冢鸟属于鸡形目营冢鸟科，是澳洲及其附近岛屿上生活方式很特殊的

营 冢 鸟

一种鸟类。营冢鸟的外形很像鸡，但颈部较长，脚也长并且强健有力。营冢鸟从不孵蛋，在繁殖季节来到之前，雄鸟就开始"大兴土木"。它把树叶和干草堆到一起，堆到几米高的时候，雌鸟就开始每隔几天在上面下一个蛋，然后走开。雄鸟马上把泥沙铺在刚下的蛋上面，利用树叶腐烂产生的热量孵蛋。雄鸟要保持树叶堆里的温度在 33℃ ~ 34℃，如果温度高了，就扒开一些泥沙，让里面的热量散发掉一些；温度太低了，就多堆一些泥沙，以提高树叶的温度。就这样，营冢鸟整整要忙上 11 个月，雏鸟才从土下深处破壳而出。这时，父母儿女将形同陌路，各自生活。

◎ 最美丽的鸟——孔雀

孔雀是世界上有名的观赏鸟类之一。它可以分为绿、蓝两种孔雀：绿孔雀生活在东南亚和我国云南南部；蓝孔雀分布在印度和斯里兰卡。孔雀属于鸡形目雉科鸟类。

孔雀的羽毛非常美丽，由于羽毛色彩的反光率不一样，在阳光的照耀下，华丽的羽毛鲜艳夺目，尤其是雄

孔 雀

鸟尾部的复羽由短至长依次向后伸，每个复羽的末端都有一个十分美丽的鸡蛋形彩图。

广角镜

鸡 形 目

鸡形目在生物分类学上是鸟纲中的一个目。人们通常把这一目的鸟中体型较大种的统称为"鸡"，体型较小的一些种类称为"鹑"。由于这一目的鸟腿脚强健，擅长在地面奔跑，按生态习性被称为陆禽。这一目中的鸟有些体态雄健优美，色彩艳丽，其中不少是珍稀物种和经济物种。

孔雀多成对或小群地居住在热带或亚热带丛林中，主要吃谷物、昆虫、蛇和蜥蜴等。孔雀在繁殖期间，雄孔雀只在原地婆娑起舞，雌孔雀紧紧地尾随着，这就是人尽皆知的"孔雀开屏"。它们以杂草或枯枝在草丛中做巢，通常每窝产8个卵，由雌孔雀进行孵化。

孔雀的羽毛华丽珍贵，人们常用来制作扇子或衣裳，有的人也用它来做装饰品。

◎ 长着长睫毛的犀鸟

犀鸟，生活在非洲及亚洲南部的密林中。犀鸟的形状很特别，身体很大，通常有70～120厘米长，嘴特别大，可长达35厘米。它的眼睛上长着美丽的长睫毛，大嘴上面长着凸起的角质帽，看起来好像奇形怪状的犀角，因此，人们称它为犀鸟。

犀鸟喜欢栖息在密林深处的参天古木上。它有时啄食树上的果实，有时也捕捉昆虫、爬行类、两栖类和兽类动物来喂小犀鸟。

犀鸟在每年五六月间，选择大树洞产

犀 鸟

卵。雌鸟进洞后，雄鸟在洞外以一种类似胶状的胃中分泌物，混合着木质的果壳和种子等把洞口封起来，只留一个小孔，让雌鸟把嘴伸出来，雄鸟在洞外取食喂养雌鸟。一直到小犀鸟孵出以后，雌鸟才从洞中飞出，并把小犀鸟封在里面，父母轮流给小犀鸟喂食。

◎ 早起的寿带鸟

　　寿带鸟也叫"一枝花"，是温带森林中一种尾巴很长的美丽的食虫鸟类。寿带鸟的大小和麻雀差不多，但尾部的羽毛却很长，尤其是雄鸟尾部中央的两根羽毛的长度是身体长度的 4～5 倍。寿带鸟的羽毛颜色变化多端，随年龄的不同而变化，通常有栗色和白色两种颜色。人们把白色的寿带鸟看成是梁山伯的化身，而栗色的寿带鸟则是祝英台的化身。其实，寿带鸟年轻时是一身栗色羽毛，到了老年则变得洁白如雪。年轻的雄鸟的头是蓝色的，带有金属般的光泽，头顶上有一排羽毛，鸣叫的时候会一根根竖起来，肚皮是白色的，背、翅膀

寿　带　鸟

和尾部羽毛都是栗色的。雌鸟羽毛稍暗，尾羽较短。

　　寿带鸟常隐栖于树丛林间，在树与树之间飞来飞去，飞行缓慢，很少落地。寿带鸟的食物几乎全是昆虫，包括鳞翅目、直翅目、蝇类和鞘翅目等，大部分是农林业害虫。

直 翅 目

直翅目的昆虫前翅革质，后翅膜质，静止时成扇状折叠，口器咀嚼式，雄虫常具发音器，不完全变态，包括蝗虫、螽斯、蟋蟀等。

◎ "托儿" 的杜鹃

杜鹃又叫布谷鸟，属于鹃形目杜鹃科。杜鹃的体形和羽毛的颜色都很像雀鹰，背部灰色，腹部有很多细的横斑。不同于雀鹰的是，杜鹃的嘴尖长，稍稍弯曲，脚细小，四趾相对，常常躲在树林深处，人们只听到它的鸣声，却不容易看到它的真面貌。杜鹃的性情孤僻，它们既不筑巢，也不孵卵，更不会育儿。它们产卵前先仔细观察其他鸟的巢，趁巢主不在，偷偷地把蛋产在巢里。杜鹃能产 10 ~ 15 个卵，但每个鸟巢只能寄放一个。令人吃惊的是它卵的颜色、形状和大小会和巢主的卵十分相似。巢主很难发现，于是就把它当成自

杜 鹃

己的卵精心地孵化。小杜鹃孵化得很快，它不但吃得多，性情也很暴躁，常把其他的卵或幼鸟挤出窝外。可是巢主却依然把小杜鹃当成亲生儿女，辛勤地喂养。等小杜鹃羽毛长齐后，就独自飞走了。就这样，一只杜鹃每年要毁坏 2 ~ 10 窝的莺、鸫、画眉等鸟类的小鸟，是残杀小鸟的"阴谋家"。

杜鹃对人类有很大的功劳，一只杜鹃在一小时内能捕食成百只害虫。

◎ "金衣公主" 黄鹂

黄鹂又叫黄莺，属于雀形目黄鹂科。唐代诗人杜甫有"两个黄鹂鸣翠柳，一行白鹭上青天"的诗句，可见黄鹂自古就是人们喜爱的鸟类之一。黄鹂不

但是一种羽毛华丽的观赏鸟，而且也是有名的"歌唱家"。黄鹂常栖息在低山丘陵区的树丛中和公园、村庄附近的大树或疏林间，平时飞行很快，似金光一闪，鲜艳夺目。黄鹂的鸣叫声清脆悠扬、美妙动听，富有东方音乐风味。有时还杂有像猫叫的声音。黄鹂是夏候鸟，5 月初来到

黄 鹂

北方筑巢产卵，每窝产 4 个粉红色的卵，上有玫瑰色的斑点，很招人喜爱。黄鹂由雌鸟孵卵，雄鸟雌鸟共同喂养幼雏，16 ~ 17 天雏鸟就能离巢活动。黄鹂还是消灭害虫的能手。

◎ 树木的 "医生" ——啄木鸟

啄木鸟是森林里的"检查员"和病树的"医生"。它天生拥有一把"手术刀"——像钢凿一样的嘴巴。停在树干上的时候，它用嘴东啄啄，西敲敲。一只啄木鸟每天要敲打树干 500 ~ 600 次。

在温带森林里居住着多种啄木鸟，有绿啄木鸟、白背啄木鸟、大斑啄木鸟、星头啄木鸟、黑啄木鸟和三趾啄木鸟等。

啄 木 鸟

啄木鸟的腿短而有力，脚趾不像其他多数鸟类那样三趾向前一趾向后，而是两个足趾向前，一个朝向一侧，一个向后，这种趾型叫作"对趾型"，对于攀爬树木非常有利。它的尾巴是一个支柱。啄木鸟的舌头也很特殊，细长柔软，能伸出口外 14 厘米，舌头的末端生有很多倒刺和黏液，不管害虫藏在多深的树干中，只要它用嘴凿通，舌头一伸，幼虫或虫卵便一起被勾出来了。正因为啄木鸟有着特殊的爪、尾、舌，才能做一名称职的森林"医生"。

◎ "田园卫士" ——戴胜鸟

戴胜鸟又称"臭姑鸪"，属佛法僧目戴胜科。常常出现在树林边缘和耕地附近，是温带森林地带的夏候鸟。

戴胜鸟头戴美丽的"高帽子"，身上的羽毛是棕褐色的，翅膀和尾羽大都为黑色，并有白色或棕白色的横斑，它的嘴又细又长，稍向下弯

戴 胜 鸟

曲。戴胜鸟在唱歌的时候，脑袋会忽高忽低，"帽子"一起一伏，十分有趣。

广角镜

佛法僧目

佛法僧目是鸟纲中的一个目，这一目的鸟类分布广泛，形态结构多样，各科特化程度高。成员体型大小不一，生活方式多种多样，多数种类以昆虫和小动物为食，有些种类食鱼，还有些种类食果实。本目中的一些鸟类为我国国家保护动物，很多鸟类嗜食昆虫，有益于农林；不少种类的羽色鲜艳可供观赏，但也因有些嗜食鱼类，对养鱼业有一定的危害。

戴胜鸟常常单独栖息在开阔的原野、农田或树林边缘的树木上，会到地面找食。戴胜鸟主要吃农林害虫，尤其是地下害虫，人称"田园卫士"。它在5～6月繁殖，在树洞、岩缝、破墙窟窿里筑巢，产5～9个蛋。戴胜鸟有个"坏毛病"，就是不讲卫生，粪便、脏物堆集，使得巢中臭气冲天，它身上还会分泌一种臭味液体，而且一沾到手上，几天以后还能闻到那种臭味。因此人们称它为"臭姑鸪"。

◎会学舌的鹦鹉

鹦鹉以善学人语而出名，即所谓的"鹦鹉学舌"。其实鹦鹉并不懂得说话的意思，鹦鹉学话，只是一种条件反射，并且只能学会有限的语汇。

基本小知识

条件反射

条件反射是后天获得的，经学习才会的反射，是后天学习、积累经验的反射活动。是原来不能引起某一反应的刺激，通过一个学习过程，让这个刺激与另一个能引起反映的刺激同时发生，使它们彼此建立起联系，从而在条件刺激和无条件反应之间建立起联系。

鹦鹉属于鹦形目鹦鹉科，分布在热带、亚热带和温带的森林中。鹦鹉家族中最著名的有南美洲的金刚鹦哥、澳洲的白鹦鹉、非洲的灰鹦鹉和啄羊鹦哥。鹦鹉的羽毛鲜艳夺目，大都有三四种颜色以上，如玫瑰山鹦鹉为红头、黄身、蓝尾巴。鹦鹉的嘴粗重并弯曲成钩状。奇怪的是它的

鹦　鹉

下颌与头骨之间有可动的肌肉连接，下颌可以上下移动，这种特殊的构造，适于它吃带硬壳或厚皮的果实和种子。它的舌头与一般鸟类的舌头不同。它的舌头是肉质的并且很厚，尖端还有突起。尾羽很长呈楔形。

鹦鹉大都成群生活在树上，巢筑在树洞或石缝中，每窝产3~5个白色的卵，鹦鹉爸爸和鹦鹉妈妈共同喂养小鹦鹉。

◎林区"卫士"——山雀

山雀，是体形比麻雀更纤细的食虫鸟类的一种，常见于平原、丘陵、山地林区，在山地林区数量比在平原地区的数量多。山雀的羽毛大多以灰褐为主，它们的鸣声差异虽然显著，但多少都带有"仔仔黑"的音阶，易于分辨。它们多筑巢于树洞或房洞中，几乎终日不停地在林间取食昆虫。

山 雀

最常见的是大山雀，又叫白脸山雀。它头戴蓝黑色小帽，面颊洁白，与周围颜色相衬特别明显。大山雀的鸣声清脆动听，人们又模仿它的叫声将它取名为"滴滴水"。它喜欢居住在山林、平原中，尤其在果园里数量更多。它在树洞或墙壁的小洞里造窝，每年初夏开始产卵，如果没有外界干扰，它便在巢里安居乐业，不会迁飞。大山雀是捕虫能

你知道吗

蝽 象

蝽象是昆虫纲半翅目科昆虫的总称，此类昆虫有臭腺孔，能分泌臭液，在空气中挥发成臭气，所以又有放屁虫、臭板虫、臭大姐等俗名。多数种类为植食性，成虫、若虫将针状口器插入嫩枝、幼茎、花果和叶片组织内，吸食汁液，造成植株生长缓滞，枝叶萎缩，甚至花果脱落；小部分种类是肉食性。

手，每天忙碌地在果树之间飞来飞去，在树枝上跳来跳去，搜索虫子和虫卵。大山雀的"饭菜"花样也不算少，青刺蛾、金龟子、天牛幼虫、蝽象、苹果天社蛾等，都是它的美餐。它的胃口可大了，一昼夜吃的虫子竟和自己的体重差不多。大山雀常常三五成群，一起活动。

◎ 家鸭的祖先——绿头鸭

绿头鸭又叫大红腿、大绿头，是一种比较大型的野鸭，它和斑嘴鸭都是家鸭的祖先。雄鸭的头和颈呈绿色，颈基有一条白色领环与胸相隔。雌鸭背面黑褐色，腹面浅棕色，无论雌雄，双脚都是橙红色的。

绿头鸭生活在河流、湖泊旁的草丛中，每年秋天它们飞到南方越冬，第二年春天又回到北方。它们总是喜欢成群结队地迁移。绿头鸭的尾巴上有一对发达的油脂腺，会分泌出油脂，胸毛也能分泌一种"粉状角质薄片"，可以让羽毛变轻，使身体浮在水面上，脚上的蹼可以当桨划，绿头鸭就是靠着这些本领在水中自由自在地游动的。

绿 头 鸭

绿头鸭以野生植物的种子、芽、茎叶或谷物、藻类、软体动物和昆虫为食。一般每窝产卵 10 枚左右，卵有两种颜色，与家鸭相似。家鸭的祖先，据考证是由绿头鸭驯化来的。历史上，家鸭最早的记载是在公元前 475～前 221 年的战国时代，也就是说在 2 000 多年前的战国时代，我们的祖先就开始把绿头鸭驯化成家鸭了。

◎ "口技演员" ——椋鸟

椋鸟以善于模仿多种声音而闻名于世，是鸟类中出色的口技演员。椋鸟不但能学会许多鸣禽的啼啭，而且能模仿青蛙的"呱呱"声、鹤的"呵呵"声、锯木时的刺耳声、小马的嘶鸣声、人的口哨声、汽车的喇叭声等，凡是它们经常听到的声音，都能惟妙惟肖地模仿出来。如果跟人相处，还能学会几句人的语

趣味点击　口技

口技是民间的表演技艺，是杂技的一种。古代的口技实际上只是一种仿声艺术。表演者运用嘴、舌、喉、鼻等发音技巧来模仿各种声音，如火车声、鸟鸣等，能使听的人产生一种身临其境的感觉。表演时配合动作，可加强真实感。口技是我国文化艺术的宝贵遗产之一。

言呢。

椋鸟的"服装"也很讲究。它头戴黑色小帽，身穿各色外套。显得十分别致。对于人类，椋鸟的贡献不只是表演口技，它还会捕捉大量的害虫。椋鸟非常喜欢吃含有很多蛋白质的蝗虫、蟋蟀、毛虫、地老虎和蜗牛等。

椋　鸟

◎ "爱的礼物" ——红嘴相思鸟

相思鸟是世界有名的观赏鸟类之一，因为它的嘴是鲜红色的，所以又叫红嘴相思鸟。相传成对的相思鸟，如果其中一个死去，另一只也会因失去伴

红嘴相思鸟

侣感到寂寞孤独，最终忧郁而死。

红嘴相思鸟的羽色异常美丽，它的头顶黄中带绿，肚皮是黄色的，翅膀上有红色斑块，嘴和脚都是鲜艳的红色。当它们成群飞翔时，就像彩云腾空一般，非常美丽。

相思鸟生活在亚洲南部的温暖地区，我国长江流域以南都有分布。雌雄相思鸟常常成双成对一起生活，形影不离。它们不仅活动于树林中，也飞往较高的山坡，双双站在灌木顶上，激动地耸起羽毛，一边唱一边振动两个翅膀，动作十分优美。相思鸟以吃植物的果实、种子、嫩芽以及昆虫为生。

◎巧嘴鹩哥

鹩哥是中外闻名的鸣禽，又叫秦吉了，样子跟八哥差不多。它通体黑色，羽毛上有着明亮的金属光泽，翅上有一道不大但较为明显的白斑。嘴厚实，桔红色。从嘴基后面生出两片黄色肉垂，一直披到头后，显得与众不同。

在我国，鹩哥分布于云南南部、广西和海南省。它的歌声婉转悦耳，还能模仿其他鸟的鸣

拓展阅读

八 哥

八哥为鸟纲雀形目椋鸟科八哥属鸟类的通称，额羽甚多，形体延长而竖立，与头顶尖长羽毛形成巾帻；头侧或完全披羽，或局部裸露。雌雄八哥基本相似。共有6种，主要分布于亚洲，中国有4种八哥。八哥是中国南方常见的鸟类。

叫，学说人话用不着修舌，比八哥还轻松。经过人的训练，鹩哥能说一些简单的语句，能读外文，进行诗歌朗诵。

鹩 哥

鹩哥的小名"秦吉了"还有一段来历呢。据说，有一对青年男女自由恋爱，但不能天天到一起彼此倾诉衷肠，全靠一只鹩哥给他们传送信件。一天，又到了送信的时候了，那只鹩哥对女子说："情急了。"女子见自己的隐情被它一语道破，又羞又喜便叫它为"情急了"。传来传去，"情急"二字便改成了"秦吉"，于是鹩哥就有了"秦吉了"的雅号。

"翩翩神女"——喜鹊

喜鹊是人们喜爱而常见的一种鸟类，它的尾巴很长，飞行时像一根飘带。喜鹊身姿轻盈优美，羽毛黑中带绿，肚皮和背上还有白色的羽毛。它的叫声很一般，只能发出"喳喳喳"的简单音调，但人们一听到它的叫声，就会认为有喜事临门。其实，喜鹊

喜 鹊

是一种普通的鸟，不管是平原还是山区，无论是乡村还是城市，只要有树，它就会安家落户。喜鹊的食物也很杂，昆虫、植物种子等它都爱吃，它还捉小老鼠和农田果园里的害虫吃。喜鹊的巢建在高高的树梢上，巢的外面是用树枝搭成的，里面由草茎、细树枝组成，还涂上灰泥，铺垫着鸟毛、麻类、

兽毛和苔藓。喜鹊的巢不仅有屋顶、墙壁，还有出口呢。

◎雉中"勇士"——褐马鸡

褐马鸡又名黑雉，是生活在我国的一种珍贵的鸟类，被列为我国国家一级保护动物。它的身材虽然不算高大，加上尾巴有1～1.2米长，体重5千克左右，但是却有一副威武雄壮的神态。它红嘴红脸，黄眼黑睛；头戴深栗色的绒状羽冠，两耳由一条绕过下喉的白色羽带相连；耳羽发达，突于脑后，似双角并立；体羽褐色，如铠甲掩身；尾羽大部分是银灰色的，仿佛马尾一般；双脚强壮，为珊瑚红色，有如紫金铸成。褐马鸡昂头翘尾的神

你知道吗

神农架

神农架位于湖北省西部，东与湖北省保康县接壤，西与重庆市巫山县毗邻，南依兴山、巴东而临三峡，北倚房县、竹山且近武当，总面积3 253平方千米，辖5镇3乡和1个国家级森林及野生动物类型自然保护区、1个国有森工企业林业管理局、1个国家湿地公园，林地占85%以上，总人口8万人。神农架是1970年经国务院批准建制，直属湖北省管辖，是我国唯一以"林区"命名的行政区。

态，就像一匹骏马的神态一样，所以被称为马鸡。褐马鸡喜爱在高山深林中生活，饿了吃植物的块茎、细根或昆虫，渴了结群到山溪饮水。它受到惊吓就拼命向山巅狂奔，游玩时常从山巅滑落谷底。主要集中在山西省的关帝、管涔山和湖北神农架自然保护区。

每年春天，雄褐马鸡往往为争

褐 马 鸡

夺雌鸡而激烈搏斗，一直斗到一方死去才肯罢休。

◎ 冰山上的来客——血雉

血雉又叫血鸡、松花鸡，生活在西藏、四川、云南西北部、青海、甘肃祁连山和陕西秦岭山脉白雪覆盖的地区，是一种耐寒高山鸟类。它的外形很像家鸡，所以又叫血鸡。它飞行的时候，身上披散的羽毛会随风飞舞，非常好看。它们夏季迁移到海拔 3 300～4 500 米的山上，冬季下移到海拔 2 900 米左右的山上，这种垂直升降迁徙的行动和雪线的进退有关。

血 雉

由于这种鸟长年生活在高山树林中和人迹罕至的地方，它们一般都不善于飞翔，以苔藓、莎草、卷柏、樱草和箭竹等植物的叶片和种子为食。大约在 5～6 月繁殖，雌鸟在灌木丛或岩石下做巢，并在里面产卵。孵化期为 29 天，孵化后，一直到冬天，雌鸟都和它的幼鸟在一起生活。

基本小知识

樱 草

樱草又名年景花、报春花、四季报春，原产于中国。喜气候温凉、湿润的环境和排水良好、富含腐殖质的土壤，不耐高温和强烈的直射阳光，多数亦不耐严寒。属报春花科、报春花属。草本植物，叶基生，全株覆盖白色绒毛。花通常2型，排成伞形花序或头状花序。花期为12月至次年4月。报春花在世界上栽培很广，历史亦较久远，近年来发展很快，已成为当前一类重要的园林花卉。

💨 ◎ 比飞机飞得快的游隼

游 隼

游隼又叫鸭虎，是一种很美丽的鸟类。它的背部蓝黑色，腹部奶油色，下巴和咽喉上有黑色的条纹。游隼的飞行速度很快，每小时能飞 140～360 千米。游隼不仅飞得快，个子也大，而且爪有力，能抓住各种猎物。游隼主要捕食各种野鸭，常常在空中发现在飞行中的野鸭时，就伸出脚掌猛地将其击落，然后抓起。如果打不中，还会很快升高到猎物上方，然后突然俯冲下去，直到达到目的为止。

游隼是一个优秀的"飞行员"，它的冲击速度，每秒可达 75～100 米，并成 25°角俯冲下去。它在空中盘旋、滑翔，花式繁多，姿势优美。游隼能够毫不费力地在空中飞行数小时之久。

💨 ◎ 与人类为邻的白鹳

白鹳是一种珍贵的水鸟。它身披白色的羽毛，只有翅膀的后半部的羽毛是黑色的。它的嘴尖而长，朱红色的脚也又细又长，像在踩高跷一样。

白鹳是候鸟，每年 10 月，它们都飞到南方去过冬，第二年三四月，第一批白鹳飞回故乡，还到原来的村庄里安家。在荷兰、德国和

白 鹳

趣味点击 高跷

高跷是舞蹈者脚上绑着长木跷进行表演的形式，技艺性强，形式活泼多样。由于演员踩跷比一般人高，便于远近观赏。关于高跷的起源，学者们多认为与原始氏族的图腾崇拜或与沿海渔民的捕鱼生活有关。"高跷"在本地叫"踩高跷"，有的地方也叫"踩拐子"，是在正月十五闹元宵时，社火队中不可缺少的一项群体街头表演节目。它的特点是乡土气息浓厚，形式奇特别致。据传有 500 多年的历史，亦说有千年以上。

奥地利的一些民房顶上几乎住满了白鹳鸟。有的白鹳还住在自己的旧居里，有的则重新选择新的巢址，不管它原来和现在的主人是谁。雄鸟进家之后，首先清理整修自己的巢，从野外衔来棍棒，木片和枝条修补住宅，等待雌鸟的到来。雌鸟在巢中生下几个蛋，经过 30 天的孵化，小鸟就出世了。白鹳夫妻对自己的孩子照顾得可周到了。它们不辞辛苦地外出觅食；飞到远处小河沟给小鸟取水；天冷了，就让孩子们躲在翅膀下面……

◎ 与众不同的长尾鸡

长尾鸡是日本的一种观赏鸡，它是鸟类中尾羽最长的一种。这种长尾鸡是用人工选择的办法，用山鸡、山鸟和东天红鸡杂交，经过多年培育而成的一种尾羽特别长的鸡。最长的尾羽能达到 10 米，如果把它放在四楼窗口，它的尾羽可以拖到地面，非常美丽。

长尾鸡共有白、深褐和褐中掺白 3 种颜色，因为长尾鸡不能像普

长 尾 鸡

通鸡一样在地上行走，所以要把它们养在清洁卫生，有保温设备的架高的鸡舍里，将尾羽垂在鸡舍外面。在雄雏鸡长到五六个月以后，还要拔掉它的尾羽以刺激它重新长出特别长的尾羽。这种鸡的饲料是新鲜菜叶和糙米。长尾鸡的寿命为 9～10 年，尾羽每年能长 1 米左右，所以年龄越大的长尾鸡，尾羽越长越美丽。

知识小链接

人 工 选 择

通过人工方法保存具有有利变异的个体和淘汰具有不利变异的个体，以改良生物的性状和培育新品种的过程，或者培养适合人类需要的生物品种或形状叫人工选择。

◎ 出色的 "建筑师" ——织布鸟

织布鸟的种类很多，分布于世界各地。我国云南的西双版纳有一种黄胸织布鸟，大小和模样与麻雀相似。

织布鸟的编织技术十分高超，它能像织布那样编织自己的巢。织布鸟用来编织房子的材料是柔软而强韧的草叶。织布鸟的房子形状像一个悬挂在树下的葫芦，上细下粗。它的编织工作主要是靠嘴巴来完成的，当然也离不开脚的帮助。它先把结实的粗纤维编成绳子，牢牢地系在树枝上，然后用嘴巴把细叶穿入缠绕树枝的圆环，打成一个结儿，再缠绕交

织 布 鸟

织，在细树枝上固定之后，就像经纬线排列那样不停地织起来，巢越来越大，巢壁也越来越厚。巢的入口处在一侧的下面，这样即使外面下倾盆大雨，窝内也平安无事。巢与巢口之间常修筑一条"飞行跑道"，织布鸟既可以将它作为起落的跑道，又能防备入侵的敌人。

◎ 效忠渔翁的鸬鹚

鸬鹚

鸬鹚是一种水鸟，除了南极和北极，世界各地基本都有分布。它的羽毛是黑褐色的，会发出金属般的蓝光。它在地上行走的时候，左右摇摆，像鸭子似的。可是一到了水中，就开始大显身手了：一张长而带有锯齿的嘴，捕起鱼来格外方便，一旦鱼儿进了它的嘴，就再也逃不掉了。它的喉部有个膨大的地方，是暂时存放鱼的仓库。

正因为鸬鹚善于捕鱼，所以聪明的渔民们驯养它们为自己效力。渔民划来小船，让鸬鹚站在船舷两侧，再把船划到河心。它们纷纷跳下小船，潜入河中，接着一个个浮上水面，游到船边，向主人献鱼。渔民也从不会亏待它们。

你知道吗

船舷

因为大多数承载船舶都是不规则的立体结构，船舷很可能是一个很不规则的立体交叉结构，传统的定义很难适用于实际情况，因而现在船务界对船舷最流行的约定就是指承载船舶在海面上投影形状的最大边缘界限。

◎ 嘴最大的鸟——巨嘴鸟

巨嘴鸟生活在南美洲亚马逊河河口地区的热带森林中。一般身长 70 厘米，嘴巴占身长的 1/3，真是名符其实的大嘴。如果从正面看巨嘴鸟，往往看不到它的身体，只看到一张橡皮似的、尖端有点弯曲的巨大的嘴。这张巨嘴虽然又粗又大，重量却很轻。这是因为嘴的构造很特别，中间布满了海绵似的空隙，外面由一层薄薄的角质覆盖着，所以既坚硬又轻巧。

巨 嘴 鸟

巨嘴鸟的嘴颜色十分鲜艳，羽毛也美丽异常。巨嘴鸟喜欢吃各种水果，偶尔也吃蜥蜴和鸟蛋，它们成群地栖息在大树顶上。巨嘴鸟走路的姿势非常有趣，它的两只脚分得很开，好像一个大胖子在跳远。

◎ 滑稽可爱的 "绅士" ——企鹅

企鹅不是鹅，而是一种善于游泳和潜水的海鸟。它们已经失去了飞翔能力，身体大都是扁平的，背部为深灰色或黑色，下体为纯白色或皮黄色。它们的前肢已变成了鳍脚，在水中游泳时起推动作用。

企 鹅

众所周知，企鹅是南极的象征，其实企鹅共有十几个种类，而生活在南极地区的仅有王企鹅和阿德尔企鹅两种，其余的企鹅则分布在非洲、澳大利亚、拉丁美洲有寒流经过的地方，甚至在赤道附近也有企鹅居住。

寒　流

　　寒流与其所经过流域的当地海水相比，具有温度低、含盐量少、透明度低、流动速度慢、幅度宽广、深度较小等特点。在向中低纬度流动的过程中，寒流不断与周围海水混合交换，温度和盐度逐渐升高，上层密度变小，寒流与当地海水之间形成密度变化急剧的水层——密度跃层，这对水下舰艇活动影响较大。大多数寒流区域，沿岸都伴有上升流的出现。丰富的深水营养盐类被带到上层，且含氧量高，因而这些区域是许多鱼类觅食生息集中的海域，是天然的优良渔场。

　　世界大洋东部有5大著名寒流：北太平洋的加里福尼亚寒流，南太平洋的秘鲁寒流，北大西洋的加那利寒流，南大西洋的本格拉寒流，南印度洋的西澳大利亚寒流。它们分别从北、南半球高纬度海域向低纬度海域流动。

　　企鹅全身有着厚厚的脂肪，羽毛像鳞片那样重重叠叠，它们从不觉得冷。企鹅的脚趾之间有蹼相连，游泳时起舵的作用。它们最突出的特点是脚长在身体的后部，因此可以直立行走，但走得很慢。企鹅在海里游泳的速度很快，能轻而易举地超过一艘潜水艇。

　　企鹅在秋冬季节繁殖，雌企鹅生下一个蛋后，就把它交给雄企鹅，自己找食物去了。雄企鹅用双脚把蛋捧住，靠腹部的孵卵囊把蛋盖住，保持蛋的温暖。它

拓展阅读

潜　水　艇

　　潜水艇是一种既能在水面航行又能潜入水中某一深度进行机动作战的舰艇，也称潜艇，是海军的主要舰种之一。潜水艇的主要特点是：能利用水层掩护进行隐蔽活动或对敌方实施突然袭击；有较大的自给力、续航力和作战半径，可远离基地，在较长时间和较大海洋区域以至深入敌方海区独立作战，有较强的突击能力；能在水下发射导弹、鱼雷和布设水雷，攻击海上和陆上目标等。

就这样寸步不移，不吃不喝坚持60多天。小企鹅快孵出的时候，雌企鹅才来接班。

◎ 以风为生的信天翁

信天翁是一种巨大的海鸟，身长1米多，体重有7~8千克，飞翔时双翼展开达3~7米。它全身羽毛呈雪白色，仅翼尖和尾巴的羽毛是黑色的。信天翁驾驭长风，不用扇动翅膀，全凭强风吹送。有经验的老水手都知道，哪里出现信天翁，哪里就会有好天气。每当夜幕降临的时候，浮游生物、乌贼和其他"海洋居民"浮上海面，信天翁就可以饱餐一顿了。信天翁还喜欢吃从船上扔到海里的动物内脏和垃圾，所以它们总是跟着航船飞行。

拓展阅读

仲 夏

如果一年时间均匀分成4个阶段：春夏秋冬，那么夏就是正午太阳最直射我们头顶的那1/4年，如果把夏分成三个均匀的阶段，那么孟夏、仲夏、季夏就是这三个段按时间先后的名称，所以仲夏就是盛夏。古语中有：孟、仲、季指代第一、第二、第三；或者也有用伯、仲、叔的。所以，仲即为第二的意思，而仲夏就是指夏天的第二个月。一般来说，是指阴历五月份。

信 天 翁

信天翁的繁殖季节在仲夏。在选定的岛屿上，大群成年信天翁扇动美丽的翅膀翩翩起舞，经过"求婚"仪式，一对信天翁便"成亲"了。雌鸟在12月份产下1个蛋，雌雄共同抱窝。它们把幼鸟养得胖乎乎的。因为小家伙要在巢里待300天左右，所以喂养"孩子"常使

"父母亲"筋疲力尽。

◎ "空中旅行家" ——大雁

大雁是有名的候鸟，属于雁形目鸭科。在北方总是秋去春来，生活非常有规律。主要种类有鸿雁、豆雁、灰雁等，大雁是我国国家二级保护动物。

大 雁

大雁的故乡在西伯利亚，每当秋冬季节，为了躲避寒冷、寻找食物，成群的大雁就排成"人"字形或"一"字形的队伍飞向南方，到我国福建、广东等沿海地区过冬。第二年春天，它们再飞过千山万水，回到西伯利亚产蛋繁殖。

为什么雁群要排成"一"字或"人"字形队伍飞行呢？这是因为大雁要飞行的路途很长，除了靠扇动翅膀飞行之外，还要利用上升气流在天空中滑翔来节省体力。大雁的飞行速度很快，每小时能飞 68~90 千米，几千千米的漫长旅途要飞上一两个月。

夏天换羽是大雁最危险的时期，它们的飞羽几乎同时脱落，它们丧失了飞翔能力。这个时候，它们常常成百上千只聚到一起，躲到湖泊、海湾、岛屿等人迹罕至的地方，直到飞羽长出。

知识小链接

飞 羽

生物学中，鸟翼区后缘所着生的一列坚韧强大的羽毛被称为飞羽，飞羽被牢固地"锚定"在骨骼后缘。在振翅时整体挥动，拍击空气。飞羽的数目和形态是鸟类分类的重要依据。

◎大自然的 "歌手" ——画眉

画眉是中外闻名的观赏鸟，它们以清脆悦耳的鸣声惹人喜爱。画眉主要生活在亚洲南部的温暖地区，美洲、大洋洲和欧洲南部也有分布。画眉的上身是浓淡不一的棕褐色，下身是棕黄色，眼睛四周有一圈白色，由眼上部向后伸延，好像画上去的一条白眉毛，所以被称为画眉。画眉喜欢居住在山丘、城郊和村落的灌木丛中，在竹林和庭院中也可见到它的身影。它胆子小，喜欢独自隐居，一旦受惊马上飞

趣味点击　　画眉

画眉鸟是雀形目画眉科的鸟类，全长约23厘米，全身大部分是棕褐色的，头顶至上背具黑褐色的纵纹，眼圈白色并向后延伸成狭窄的眉纹。栖息于山丘的灌丛和村落附近的灌丛或竹林中，机敏而胆怯，常在林下的草丛中觅食，不善于远距离飞翔。雄鸟在繁殖期常单独藏匿在杂草及树枝间，极善鸣啭，声音十分洪亮，歌声悠扬婉转，非常动听。

走。画眉主要吃蝗虫、蝽象、松毛虫等农林害虫，有时也吃一些植物，是珍贵的农林益鸟之一。

画　眉

◎草原上最大的鸟——大鸨

大鸨是温带草原上的大型鸟类，属于鹤形目鸨科。大鸨身高背宽，身长约1米，体重有15千克。外观美丽，头是灰蓝色的，背部有黄褐色或黑色的斑纹，腹部为白色，脚长，善于奔跑，雄鸟颏下有两簇斜生的胡须，雌鸟比雄鸟小，没有胡须。大鸨喜欢栖息在草原沙地，不善飞，是一种过着地上生活又从不鸣叫的鸟。

每年春天，大鸨飞到西伯利亚等地区去繁殖后代；冬天，到我国华北和朝鲜、日本等地区生活。

大鸨春末夏初分散在草原上繁殖，每年产 1~2 窝卵，每窝有 2~3 个蛋，它的蛋很大，重 115~130 克，青绿色，上面有不规则的褐色斑点。小鸟一出壳就能在草原上奔跑寻食，20 多天后就变成成鸟了。

我国已经把大鸨列入保护动物之列，它们能捕食蝗虫、象鼻虫、金龟子和毛虫等害虫，是益鸟。

大　鸨

拓展阅读

金 龟 子

　　金龟子属无脊椎动物昆虫纲鞘翅目，是一种杂食性害虫。除为害梨、桃、李、苹果、柑橘等果树外，还为害柳、桑、樟、女贞等林木。常见的有铜绿金龟子、朝鲜黑金龟子、茶色金龟子、暗黑金龟子等。金龟子是金龟子科昆虫的总称，全世界有超过 26 000 种，可以在除了南极洲以外的大陆发现。不同的种类生活于不同的环境，如沙漠、农地、森林和草地等。

◎ "海上的天使" ——海鸥

　　海鸥不仅生活在海上，在许多内陆湖泊江河地区，也有成百上千的海鸥居住。据鸟类学家统计，全世界共有鸥科鸟类 80 多种，我国就有 30 多种，主要分布在内蒙古、青海一带。

海鸥是一种益鸟。它们常常成群飞翔在海上礁岩附近，可以防止航海者撞暗礁。同时它们还有沿港口出入飞行的习性，每当航行迷途或海雾弥漫的时候，观察海鸥的飞行方向，也可作为寻找港口的依据。海鸥还是大自然的"清洁工"，喜欢捡食人们抛弃的残食和动物尸体。更可贵的

你知道吗

暗 礁

暗礁是位于海面以下的岩体或礁体，多孤立地分布在海岸带的下部，是海上航行时的禁区，常对海上航运造成危害和损失。为保证航运安全，在海图上标记出它的确切位置，以指示船舶行驶经过暗礁时需减速或绕航。

是，海鸥是"渔民之友"，它们常常成群回翔在鱼群出现的海面上，渔民们可以根据它们的飞行动向探知鱼群的出没，大量捕鱼。

◎沙漠里的"小精灵"——沙鸡

沙鸡和鸽子差不多大，属于鸽形目沙鸡科，是生活在荒漠地带的一种鸟类。

海 鸥

沙鸡的羽毛斑杂呈沙色，与荒漠景色十分协调，这也是一种保护色，不容易被其他动物发现。它的翅膀长而尖，中间两根尾羽又尖又长，十分显眼。它的头和脚都比较短小，腿和脚上密密麻麻地长满了毛和细鳞片，看上去很像兔子脚，所以又有人叫它"兔脚鸡"。沙鸡仅有3个脚趾并包在鞘中，脚掌有粗厚的垫和棘状突起。这种构造可以防止灼

沙 鸡

热的沙地把脚烫伤，在沙漠上走路时也不会陷到沙土里去，冷的时候也不怕冻。沙鸡的主要食物是植物的种子和幼芽，它们在地面上营巢，每窝产 3 个卵。沙鸡喜欢成群生活，并做长距离的飞行，它们的视觉和听觉都很差，成群结队飞行的时候，即使前面有明显的障碍物，领头的沙鸡也会由于感觉迟钝、不能及时灵活地改变方向，而造成沙鸡群大量碰撞而死。

◎ "神鹰" ——胡兀鹫

胡兀鹫是一种巨大而凶猛的鸟类，全身羽色大致为黑褐色，头灰白色，有黑色贯眼纹，向前廷伸与额部的须状羽相连。后头、颈、胸和上腹为红褐色，后头和前胸上有黑色斑点。它的眼睛上面有黑而长的毛，下巴长着一撮毛，像山羊胡子。和其他鹫类不同的是，胡兀鹫的头和颈部都长有羽毛，而不是光秃秃的。

胡 兀 鹫

胡兀鹫现已濒临灭绝，现在欧洲的胡兀鹫不超过 50 对，大部分生活在比利牛斯山的荒野中。在我国的青藏高原上也有相当数量的胡兀鹫。

胡兀鹫是飞行能手，为了寻找食物，一天可以飞行 9～10 个小时，飞行高度在 7 000 米以上，需要的时候，它也可以在离地面 3～5 米的低空飞行。胡兀鹫除啄食尸体外，还会攻击人畜。

◎ "吻花客" ——蜂鸟

蜂鸟是世界上最小的而且是一种十分特殊的鸟类，属雨燕目蜂鸟科，大部分生活在中、南美洲的热带森林中，有600多个品种。蜂鸟最大的不过20厘米长，最小的比黄蜂还小，平均只有0.2克重。蜂鸟个头虽小，眼睛却很大。它们披着一身艳丽的羽毛，有的还有一对会跳舞的长尾巴。因为有一根像管子一样细长的嘴，能伸到花朵里面去吸花蜜，所以被称为蜂鸟。

蜂　鸟

蜂鸟在树枝上或树叶上面筑巢，小巢只有胡桃那么大，蜂鸟的鸟蛋只有豌豆那么大。因为蜂鸟的脑子相当于它体重的1/3，比人脑所占人体的比重（约1∶50）还大呢，所以蜂鸟非常聪明。

蜂鸟有一对狭长的翅膀，能高飞、远飞、倒着飞，还能"悬空定身"，一动不动地停留在空中，翅膀快速扑动。这时，人们只能见到像灰白色云烟那样的光环，听到一种特殊的"嗡嗡"声。

趣味点击　　花蜜的功效

　　花蜜是花朵分泌出来的甜汁，能引诱蜂、蝶等昆虫来传播花粉。各种花蜜的功效：益母草蜜可活血调经、滋润养颜；黄连花蜜可泻火解毒、爽心除烦；五味子蜜可清肝火、补五脏之气、调节内分泌；山楂花蜜可增进食欲、促进消化；小茴香蜜可祛斑、除痘、清除口臭；银杏蜜可止咳平喘、润肠通便；枇杷花蜜可止咳化痰、清热利尿。

◎ 在悬崖上筑巢的金丝燕

金丝燕又叫雨燕，属于雨燕目雨燕科，是热带鸟类，生活在泰国、菲律宾、印度尼西亚等地。

金丝燕是雨燕科中最小的一类，身长 9 ~ 13 厘米。它的羽色灰黑稍显暗褐，腰部有一条像白带的羽毛。翅膀又尖又长，强健有力。脚很纤弱，几

金 丝 燕

乎不能在地面上行走，只能在回巢时暂时起到抓附的作用。金丝燕整日飞翔，很少休息，以捕食昆虫为生。

广 角 镜

血 燕

血燕属于洞燕的一种。金丝燕筑巢于山洞的岩壁上，岩壁内部的矿物质透过燕窝与岩壁的接触面或经岩壁的滴水，慢慢地渗透到燕窝内，其中铁元素占多数的时候便会呈现出部分不规则的、晕染状的铁锈红色，我们将此称之为血燕。

金丝燕是在岩壁上筑巢的，它们筑巢所用的材料是独一无二的。它们的喉部黏液非常发达，能分泌大量浓厚而富有胶黏性的唾液，金丝燕用自己吐出的黏液，混合着绿色的藻类，堆积和粘固在岩洞石壁上，做成碗碟状半圆形的燕窝。燕窝的颜色发白，像真丝一样，稍稍透明又富有弹性。70 多种雨燕中，只有几种雨燕的窝是用纯分泌液做成的。最好的燕窝几乎全是唾液凝固成的。在燕窝中，红色的"血燕"最名贵，白色的"官燕"次之，黑色的"毛燕"最差。

◎ "缝衣匠" ——缝叶莺

缝叶莺是热带的一种小鸟，属于雀形目莺科，它以灵巧的筑巢技能闻名天下。缝叶莺小巧玲珑，身长13厘米，其中尾巴的长度占身长的一半以上。嘴尖而巧，腿部强健善跳跃。它有着淡黄色的眼圈，橙红色的额顶，橄榄色的背部和灰黄色的腹部。美丽的羽毛与大自然十分和谐。缝叶莺具有高超的缝纫本领，它选择一两片芭蕉、香蕉或野牡丹的大叶片，利用植物纤维、蜘蛛丝等做缝线，把自己的长喙当"缝针"，加上脚爪的配

缝 叶 莺

合，缝缀成一个口袋形的巢，它还会在关键的地方打结，防止缝线松脱。被缝的树叶的叶柄，往往因枯老而折断，缝叶莺就用草茎将叶柄系在枝上，免得巢掉下去。口袋巢缝好以后，缝叶莺就外出寻找一些枯草、羽毛和植物纤维，垫在窝里，做成一个温暖而舒适的"家"。

知识小链接

植物纤维

植物纤维是广泛分布在种子植物中的一种厚壁组织。它的细胞细长，两端尖锐，具有较厚的次生壁，壁上常有单纹孔，成熟时一般没有活的原生质体。植物纤维在植物体中主要起机械支持作用。

◎ "快跑健将" ——鸵鸟

我们通常所说的鸵鸟是非洲鸵鸟，属于鸵鸟目鸵鸟科，是现在世界上最大的鸟类之一。主要分布在非洲草原、荒漠地带和亚洲的阿拉伯等地区。鸵鸟身躯高大，雄鸟身高 2.75 米，体重可达 75 千克以上。鸵鸟的脖子和腿都很长，头却很小。它的翅膀已经退化，不能飞翔了。因为常在沙漠里行走，

鸵 鸟

所以它的脚仅有两个趾头，而且有很厚的胼胝。雄鸟羽毛黑色而有光泽，雌鸟不如雄鸟美丽，羽毛是灰褐色的。

鸵鸟是鸟类中的"快跑健将"，每小时能跑 40 多千米，一步就可以跨二三米。这种速度连快马也望尘莫及。鸵鸟力气很大，它一脚就可以踢倒一匹狼或一只猎狗。

鸵鸟的卵非常大，每个重 1.5 千克左右，相当于 30 个鸡蛋的重量。

基本小知识

胼 胝

胼胝俗称"脚垫子"，指皮肤上异常变硬和增厚的地方，又称老茧，是皮肤长期受压迫和摩擦而引起的手足皮肤局部扁平，角质增生。也形容经常地辛勤劳动，同"胼手胝足"。

◎ 不畏严寒的雷鸟

雷鸟属于鸡形目松鸡科，是典型的寒带鸟类。雷鸟是一种吃素的鸟类，主要吃苔藓，植物的嫩芽、嫩枝和根。

雷鸟一生的大部分时间是在雪原中度过的。它的鼻孔外面披着又厚又密的羽毛，在雪下啄食的时候不用担心雪塞住鼻孔。它脚上的羽毛又长又密，易于在松软的雪上奔走。雷鸟善走且飞行迅速，但不会远距离的飞行。有时在低矮的树枝上跳来跳去，常结成 20 ~ 30 只的小群，直到春天才拆散成对。

雷 鸟

雷鸟像个魔术师，能根据季节变化改变自己羽毛的颜色。当春天来临，大地露出黑褐色的泥土时，雷鸟的羽毛是褐色的；秋天，当地面上的苔藓等植物枯萎，变得灰蒙蒙的时候，雷鸟又换上了灰色的羽毛；而冬天来临，大雪纷飞，雷鸟摇身一变，穿上一身雪白的冬装。正是由于雷鸟羽毛的变化，才使它们免受敌人的侵袭，保护了自己弱小的生命。

◎ 吃松子的交嘴雀

交嘴雀是寒温带针叶林里的一种很特殊的小鸟，属于雀形目雀科，分为红交嘴雀和白翅交嘴雀，主要生活在俄罗斯南部、北欧、北美和我国东北等地区。

交嘴雀的嘴巴很怪，一般鸟的嘴都是上下合拢的，而交嘴雀的上下嘴却互相交错：上嘴向右下方勾曲，下嘴向右上方勾曲，上下嘴不接触。交嘴雀

交 嘴 雀

雄鸟通体朱红色，雌鸟和幼鸟暗绿色。交嘴雀不爱吃昆虫，但是爱吃松子。

大多数鸟儿都在风和日丽的春天繁殖后代，可交嘴雀却在冬季生儿育女。在北方大雪纷飞的严冬，鸟类进行繁殖的现象是极其罕见的。但是，因为冬天是松子丰收的季节，交嘴雀的成鸟和幼鸟都有充足的食物，而且冬天怕冷的鸟儿都飞到南方去了，小交嘴雀就不会遭到凶猛鸟儿的侵害，成活率会更高。交嘴雀在冬天哺育儿女，是与大自然作斗争而形成的一种适应性。

◎ 天使般的火烈鸟

火烈鸟又叫红鹳。非洲坦桑尼亚北部的纳特龙湖的湖水只有 3 厘米深，并且湖水是含盐分很高的苏打水。在这个"苏打湖"里，生活着几十万只粉红色的火烈鸟，举目望去，粉红一片，景色非常美丽壮观。

火烈鸟共有 6 种，除了一种羽毛全部为胭红色外，其余种类都是粉红或粉白而杂以红色。幼年时期的火烈鸟更是周身的红羽毛，格外漂亮。火烈鸟是水鸟，以藻类为食物。它们常把自己的巢窝排得整整齐齐，七八只鸟巢并排矗立起来。

火 烈 鸟

生活在自然界中的火烈鸟是群体行动的，每当受到干扰时，它们就会成群移动，而那些可怜的幼雏，不免会成为胡狼等敌人的食物。

◎ 绝种后又重新复活的泰卡鸡

泰卡鸡主产于新西兰岛，是一种珍稀的鸟类"活化石"。泰卡鸡属秧鸡类动物，是极美丽的名鸟。它浑身披着五光十色的羽毛，眼圈、颈、喙、腿、

泰卡鸡

爪都是鲜红色的，头部、胸部为靛青色，背部为孔雀绿。重 3~4 千克。泰卡鸡不仅美丽，而且肉质鲜美，这为它引来了杀身之祸。据生物学家的推定，"最后"一只泰卡鸡在 1898 年被猎狗咬死后，再也没见到它那美丽的身影。新西兰的奥尔贝博士，经过 10 年辛苦和耐心，终于在 1952 年再次找到了泰卡鸡的足迹。在一个人迹罕至的草丛中，他发现了正在孵卵的泰卡鸡。他小心翼翼地把泰卡鸡和蛋一起捧回去，小泰卡鸡破壳了，珍稀的泰卡鸡又"复活"了。人们对它们应加倍地爱护。

◎ 秃头的座山雕

秃鹫俗名座山雕，是一种身材高大，力大无穷的凶猛的鸟类。体长 1 米左右，羽毛呈黑褐色，张开翅膀有 2.3~2.6 米宽。最显著的特征是它头顶上长有稀疏、蓬乱的几根绒毛，脑后和颈部裸露，皮肤呈青蓝色，加上一对圆溜溜的眼睛和一只像铁钩似的鹰嘴，

秃　鹫

实在是凶丑难看。

座山雕分布在西起地中海，东到亚洲东部的广大地区。在我国的天山、阿尔泰山、喜马拉雅山也可看到它的身影。座山雕常常站在悬崖峭壁或山峰突出的岩石上眺望，并不断发出"咕喔"的叫声。当它饥饿时，它就展开双翼，在天空中寻找地上的兽尸、腐肉。发现尸体后，它总是先把尸体的肚子啄破撕开，把五脏六腑吃得一干二净，然后再吞食腐肉，所以又称"腐肉鸟"。

◎ 濒临绝种的黑鹳

生活在欧洲伊比利亚半岛的黑鹳是世界上罕见的珍禽。独特的黑羽毛，映出浅绿色、紫红色和天蓝色的光辉，加上它那雪白的腹部，红色的嘴和利爪，显得瑰丽俊秀。

黑鹳较少群居，一般喜欢生活在野草和灌木丛生的地方，有时也居住在橡树和软木树生长的地方。它的主要食物是蚱蜢、蝗

你知道吗

蚱蜢

蚱蜢是蚱蜢亚科昆虫的统称，我国常见的为中华蚱蜢，雌虫比雄虫大，体色为绿色或黄褐色，头尖，呈圆锥形；触角短，基部有明显的复眼。后足发达，善于跳跃，飞时可发出响声。如果用手抓住它，它的两条后足会上下跳动。具有咀嚼式口器，会危害禾本科植物。

虫和飞蛾等昆虫。黑鹳身长 95 ~ 100 厘米，重约 3 千克。它在天空飞翔时，两翅伸展宽约 2 米，它能飞得很高很美。

每年春天，是黑鹳繁殖的季节，雌鹳每次产卵 3 ~ 5 只，卵为白色。雌鹳和雄鹳共同孵化 30 ~ 40 天，小鹳才出壳。再过 1 个多月，小黑鹳羽毛长全了，就独立谋生去了。

目前，美丽的黑鹳已濒临绝种的

黑 鹳

境地。

◎ 会失聪的雄松鸡

松鸡又叫林鸡，广泛分布于亚洲、欧洲和北美洲等地区潮湿的松杉或白桦林中。它们以浆果、嫩草和树叶为食。松鸡个头和家鸡差不多，雄鸟颜色较鲜艳，羽毛有红、白、黑三色，雌鸟的背上是棕色的，有黑色斑块点缀。它们既能在树上生活，又能在地

松　鸡

面上活动，平时生活在高山地区，只有严冬季节才下山觅食。

春季时，雄松鸡会暂时失聪。它们听不到包括自己鸣声在内的任何声音。它们只知道一天到晚唱着响亮悦耳的情歌，性格也变得暴躁好斗，一看见别的雄松鸡就会冲上去拼个你死我活。对于这种现象生物学家和物理学家认为，雄松鸡失聪是因为唱歌太卖力的缘故，歌唱得越响，共振现象越明显，鼓膜受到的振动也就越大。于是它们的耳道里充满了腺体分泌物和布满血管的褶皱，这些东西塞住耳道，雄松鸡就暂时变聋了。这种状况持续一段时间后，它们自然会恢复听觉。

知识小链接

鼓　膜

鼓膜也称耳膜，为弹性灰白色半透明薄膜，将外耳道与中耳隔开。鼓膜距外耳道口 2.5~3.5 厘米，位于外耳道与鼓室之间，鼓膜的高度约 9 毫米，宽约 8 毫米，平均面积约 90 平方毫米，厚度 0.1 毫米。鼓膜呈椭圆形，其外形如漏斗，斜置于外耳道内，与外耳道底成 45°~50°。

◎ 喜欢火浴的乌鸦

乌鸦被人们认为是一种不祥的鸟，其实，乌鸦应该算是益鸟，它们主要吃蝼蛄、蝗虫等有害昆虫，还常常在垃圾堆里啄食动物腐尸，替人们"打扫卫生"。我国常见的乌鸦有：秃鼻乌鸦、白颈鸦、寒鸦和小嘴乌鸦。

乌鸦看到火就会欣喜若狂，伸长脖子，用嘴巴啄取火舌，然后在翅膀下面摩擦，这样反复多次，像人洗澡时用毛巾搓背一样。长久围着火堆转来转去，乌鸦会不会被火烧伤呢？不会，这是因为乌鸦眼睛有膜，能防止火烧灼眼睛；乌鸦嘴巴不停地流出唾液，降低火舌温度，也不会烫坏嘴巴；它的翅膀向火堆方向扇动，火苗不会碰到它的身上。火浴实际上是乌鸦的一种本能。

乌　鸦

◎ 体重最大的飞鸟——灰颈鹭鸨

灰颈鹭鸨又名柯利鸟，属于鹤形目鸨科鹭鸨属。体长 105～128 厘米，翅长 2.56 米，体重达 18 千克左右，是世界上能飞行的体重最大的鸟类。灰颈鹭鸨分布于非洲东部和安哥拉、南非等地区，栖息于草原等环境中，成小群活动，以植物的嫩叶、种子等为食。营巢于原野地面上，每窝产卵 2 枚。

灰颈鹭鸨与鸽子、沙鸡和三趾

灰颈鹭鸨

鹬同为少数能够自如吮吸水的鸟类，而无需像其他鸟类那样必须用喙将水铲起然后仰头咽下。由于生存环境的不断恶化和长期偷猎，野生灰颈鹭鸨已经濒临灭绝。

◎世界上飞得最慢的鸟——丘鹬

鹬鸟这一大类共有 77 种，广泛分布在世界各地，我国有 38 种。它们属小型涉禽鸟类，多栖息在海岸、沼泽及河川等地，以水生动物为食。长江以南地区为冬候鸟，在东北北部和新疆天山繁殖。

丘鹬又叫山鹬或大水鹬。上体锈红色，有许多黑色、暗色及灰黄色横斑或横带斑；下体白色，并有很多暗色横斑。体长约 35 厘米，体重 300 克。

丘鹬的胆子非常小，白天隐藏在山林中很少出来活动，只在黄昏或拂晓飞出觅食，就连雌雄见面也多在此时，而白天分散隐蔽。它们是"一夫多妻"制，太阳落山后，雄鸟高飞鸣叫呼唤雌鸟，雌鸟应声后飞落地面结为伴侣。它们的巢常利用灌木根旁的枯枝落叶堆集而成，每窝产卵 3～4枚，孵卵期 22～24 天。雏鸟孵出后，

丘 鹬

成鸟小心翼翼地守护在巢内，如遇危险情况，成鸟有一种特殊的本能保护雏鸟：只见它们突然从巢中飞起，同时用两条腿把雏鸟夹在当中一起带走，转移到一个安全地方后，成鸟重又飞回巢内，用同样办法把巢中所有的雏鸟转移，使它们免遭不幸。

有人把将要被丘鹬带出的雏鸟进行称量，其体重为 65 克，相当于成鸟体重的 1/4。它们能够以 5 英里（约 8 千米）的时速缓慢飞行而不失速，应该算是世界上飞得最慢的鸟了。

哺乳动物

　　哺乳动物已经是动物发展史上最高级阶段的产物了，它们具备了许多特征，最显著的特点就是哺乳和胎生。在哺乳动物的世界里，你会收获很多乐趣，这里有出色的"潜水员"水獭，有树上的"小精灵"松鼠，有风靡世界的"活化石"大熊猫，还有不像牛、不像驴、不像骆驼，也不像鹿的麋鹿。带着你的好奇心去研究一下它们吧！

概　述

哺乳类动物是一种恒温、脊椎动物，身体有毛发，大部分都是胎生，并借由乳腺哺育后代。哺乳动物是动物发展史上最高级阶段的产物，也是与人类关系最密切的一个类群。

哺乳动物具备了许多独特特征，因而在进化过程中获得了极大的成功。

哺乳动物最重要的特征是：智力和感觉能力的进一步发展；繁殖效率的提高；获得食物及处理食物能力的增强；胎生、哺乳；身体表面有毛，一般分头、颈、躯干、四肢和尾 5 个部分；用肺呼吸；体温恒定；脑较大而发达。哺乳和胎生是哺乳动物最显著的特征。胚胎在母体里发育，母兽直接产出胎儿。母兽都有乳腺，能分泌乳汁哺育仔兽。这一切涉及身体各部分结构的改变，包括脑容量的增大和新脑皮的出现，视觉和嗅觉的高度发展，听觉比其他脊椎动物有更大的特化，牙齿和消化系统的特化有利于食物的有效利用，四肢的特化增强了活动能力，都有助于获得食物和逃避敌害。呼吸、循环系统的完善和独特的皮毛覆盖体表有助于维持其恒定的体温，从而保证它们在广阔的环境条件下生存。胎生、哺乳等特有特征，保证其后代有更高的成活率及一些种类的复杂社群行为的发展。

形形色色的哺乳动物

◎ "近视眼" 的黑熊

黑熊又叫狗熊、黑瞎子，属于食肉目科，是温带森林中的一种食肉兽，广泛分布于我国东北大小兴安岭和长白山，南到朝鲜，北到西伯利亚、乌苏里等地区。黑熊的毛是黑色的，胸部有一个倒人字形的白色斑纹，十分醒目。它身长 1.85 米左右，体重约 200 千克。它的脑袋又大又胖，两边的毛特别长，并卷曲蓬松。黑熊天生一副"近视眼"，视觉很差，距离 400 步就看不到东西，看样子有些笨头笨脑。但它的嗅觉和听觉却十分灵敏。

黑熊生活在森林里，主要吃树林里的野果、嫩叶等，它还吃蠕虫、甲虫、虫卵、蚂蚁、小鸟和鸟卵等，尤其爱吃蜂蜜，为了吃蜂蜜，宁可受皮肉受苦。

黑熊还有冬眠的习惯。黑熊其实并不笨，它会游泳、爬树和站立，寿命一般为30 岁。

黑　熊

基本小知识

冬　眠

冬眠也叫"冬蛰"，指某些动物在冬季时生命活动处于极度低下的状态，是这些动物对冬季外界不良环境条件（如食物缺少、寒冷）的一种适应。熊、蝙蝠、刺猬、极地松鼠、青蛙、蛇等都有冬眠的习惯。

◎ 珍稀的毛皮兽——紫貂

紫貂也叫黑貂，属于食肉目鼬科。它的毛皮很珍贵，同人参、鹿茸合称为我国"东北三宝"。紫貂分布在西伯利亚、我国东北和蒙古人民共和国等地区。

针叶林

针叶林是以针叶树为建群种所组成的各类森林的总称，包括常绿和落叶，耐寒、耐旱和喜温、喜湿等类型的针叶纯林和混交林，主要由云杉、冷杉、落叶松和松树等一些耐寒树种组成，通常称为北方针叶林，也称泰加林。其中由落叶松组成的称为明亮针叶林，而以云杉、冷杉为建群树种的称为暗针叶林。

紫貂外形很像黄鼠狼，但比黄鼠狼大，身体细长，尾巴较粗，尖端毛很长。大耳朵，尖鼻子，4 条腿很短，爪子很尖利，是爬树能手。全身棕黑或黄褐色，腹部淡褐色。

紫貂栖息在针叶林或混交林的密林深处，尤其原始森林中数量较多。主要吃老鼠、鸟和其他小动物，也吃植物的浆果、种子。白天常常待在树洞或石堆下的巢穴里，早晨出来找吃的，它行动敏捷，不但会爬树，还能在地上奔跑跳跃。

紫貂每年 4~5 月繁殖，每次产 2~4 仔。小崽出生后 36 天才睁开眼睛，由雌貂哺育，大约 2 个月后小貂可以出洞找食，3 年成熟，4 年后才能生育。

紫貂

◎出色的"潜水员"——水獭

水獭是食肉目鼬科中的水栖动物，也是世界上最珍贵的毛皮兽之一。貂皮素有"毛皮之王"的美称，而水獭皮则是毛皮的"王中之王"。

水獭生长在欧洲、非洲、亚洲和美洲，其中南美洲的水獭个儿最大，最大体长在 1.5 米左右，体重超过 25 千克。一般的水獭体长 70~80 厘米，体重 7~12 千克。水獭全身毛短而致密，里面是咖啡色的绒毛，外面是一层灰褐色的又粗又密的针毛。它的脚趾和爪间有蹼，适于水中游泳。它的听觉、视觉、嗅觉都很灵敏，鼻孔和耳孔还能自行开关。

水獭在每年春季和夏季繁殖，每胎产 1~4 仔。生下来的小水獭120 天左右就能独立生活，一年后发育成熟。水獭喜欢捕食各种鱼虾、青蛙、小鸟及小兽。

水　獭

◎ 狡猾的猞猁

猞猁也叫豺，属于食肉目猫科动物，它既是森林中的猛兽，也是一种珍贵的毛皮兽。

猞　猁

猞猁有点像猫，但比猫要大得多，体长约有 1 米。头小而圆，嘴和鼻长得很大，眼窝深，还生有一对闪着绿光的眼珠。猞猁是猫科动物中唯一分布在北方较寒冷森林地带的动物，喜欢栖居在松柏参天的针叶林中，北欧、北美洲、俄罗斯北部和我国都有分布。

猞猁善于爬树，也能游泳。主要吃野兔、松鼠、松鸡、榛鸡、雷鸟等，也喜欢吃狍子和其他大型动物。猞猁捕食时可狡猾了，它潜在树上，前肢抓住树，用树叶掩盖身体，两眼注视着地面上的动静，如有驼鹿等路过，就疾速跳下，猛扑过去，用利齿乱咬，驼鹿往往被咬死，如果没有得逞，猎物逃走，它也不穷追不舍，仍旧爬回树上，耐心等待下一次机会的到来。有时它还会装死以获取猎物。

◎ 树上的 "小精灵" ——松鼠

松鼠也叫灰鼠，属啮齿目松鼠科。松鼠非常适应树上的生活，长长的脚趾生有锐利的钩状爪，利用爪抓住树枝，在树上跑得非常快。后腿比前腿长，用后腿支撑跳跃。毛茸茸的长尾巴起着降落伞的作用。长尾巴还能增强跳跃。

松鼠主要吃松柏的种子，也吃云杉芽，也会在雪下寻找橡子和胡桃，有时还吃秋天长在树杈上的蘑菇。夏天它可吃的食物就多了，有浆果、鸟蛋、昆虫、草籽等。

松 鼠

松鼠通常每年产仔2窝，每窝4~6只。年初在树杈上筑球形的窝，在初春时窝里就有小松鼠了，它们生下将近30天才睁开眼睛。到一个半月，小松鼠就能在树枝上跑来跑去了。

◎ 耐寒的驯鹿

驯鹿是北极苔原地带的特产，它是偶蹄目鹿科动物中最奇特的一种，雌雄驯鹿都长角，这在鹿类中是独一无二的。

驯鹿是北半球最北部的寒带动物，它分布在北纬50°以北的地区，主要集中在北极圈以内。在我国只有大兴安岭最北部地区有这种动物。驯鹿，中等个儿，肩高1.4米，体重250千克左右，角长支叉多，有的可超过30个支叉。

驯鹿在欧亚大陆几乎全是家畜或半家畜，只有在北美洲才是野生的。野生驯鹿最大的习性就是集体迁移，这主要是为了寻找丰富的饲料场地。驯鹿的主要食物是白地衣，也吃幼桦、柳树的嫩枝，羊胡子草和蘑菇等。

驯鹿对人用处很大，人类驯化驯鹿已有1 000多年的历史

驯　鹿

了。它可以驮物和拉雪撬，还能供给人们肉、乳、脂肪和毛皮，鹿茸也能入药。

知识小链接

鹿　茸

　　雄鹿的嫩角没有长成硬骨时，带茸毛，含血液，叫作鹿茸，是一种贵重的中药，用作滋补强壮剂，对虚弱、神经衰弱等有疗效。由于原动物不同，分为花鹿茸（黄毛茸）和马鹿茸（青毛茸）两种；由于采收方法不同，又分为砍茸与锯茸二种；由于支叉多少及老嫩不同，又可分为鞍子、二杠、挂角、三岔、花砍茸、莲花等多个品种。

◎北极王者——白熊

白熊又叫北极熊，属食肉目熊科。白熊的毛皮具有美观、柔软、滑润、光亮和抗冻等优点，是举世闻名的珍品。

现存的白熊只有一种，分布在欧亚大陆、北美大陆最北的沿岸地区，北

冰洋中的大部分岛屿及格陵兰岛等地。最大的白熊，有 2.7 米长，1.3 米高，750 千克重，在熊类中除棕熊外，便是白熊体形最大了。

白　熊

白熊最主要的特点是它的头和颈都比别的熊长，其次它的脚掌下生有密毛，这是其他熊种所没有的，这可以使它在冰雪上行走不至于滑倒。白熊的毛很长，皮下有很厚的脂肪，这使它能够常年住在冰天雪地里，并经常跳进冰冷的海水里捕食动物。

◎ 北极圈内的"白色精灵"——北极狐

北　极　狐

北极狐又叫白狐，是苔原地带最有名的食肉兽，属于食肉目犬科。它是最珍贵的毛皮兽之一，它的冬毛纯白色，既暖又轻，华贵美观，是一种高级毛皮。

北极狐在世界上仅有一种，分布在欧亚大陆和北美大陆的最北部。它体长 50 厘米左右，体型比普通狐稍小，夏毛灰褐色，冬毛雪白色，只有两眼和鼻尖漆黑，非常招人喜爱。

北极狐非常适应寒冷的苔原生活，它的冬毛多绒保暖，皮下有很厚的脂肪，可以抵御严寒；冬天的毛和冰雪一样白，是保护色；北极狐是穴居动物，喜欢住在岸边向阳的小山坡下。它喜欢吃各种海鸟、鸟蛋、雪兔、旅鼠及其他啮齿类动物，有时也吃虫和浆果。

北极狐的繁殖力很强，通常每胎产仔 6 ~ 12 只，最多可达 22 只。

拓展阅读

苔 原

苔原也叫冻原，是生长在寒冷的永久冻土上的生物群落，是一种极端环境下的生物群落。苔原多处于极圈内的极地东风带内，那里风速极大，且有明显的极昼和极夜现象。苔原生物对极地的恶劣环境有很多特殊的适应。

◎ 风靡世界的 "活化石" ——大熊猫

大熊猫是我国特产的珍贵动物，它只生活在我国四川、甘肃省等少数崇山峻岭地区，十分稀少，已列为我国国家一级保护动物。

大熊猫在分类上属食肉目大猫熊科。外形很像熊，身体肥胖，四肢粗壮，头圆、耳小、尾巴短，脚和爪同熊一样。身体的毛色黑白分明，头和体躯乳白色，四肢黑色；

大 熊 猫

白脑袋上有两只黑耳朵和两个黑眼眶，好像戴上一副墨镜。大熊猫的

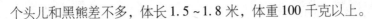

个头儿和黑熊差不多，体长 1.5～1.8 米，体重 100 千克以上。

大熊猫的祖先是以食肉为生的，可演变到今天，它却偏爱吃素。大熊猫主要吃竹笋和嫩叶，有时也吃蜂蜜、鸟卵和竹鼠等。

大熊猫生活在海拔 2 000～4 000 米的高山带，那里山高林密，空气稀薄，地势险峻。它既会涉水，又会爬树，一钻进竹林，很难找到。它还有一种惊人的本事，就是能躺在树上睡觉。

大熊猫的寿命为 10～25 岁，繁殖力很低，每胎只产一仔。刚生下的熊猫，小得出奇，只有 90～130 克重，一年后就可达几十千克。两年后就可以独立生活了。

◎ "高原之车"——野牦牛

野牦牛属于偶蹄目牛科，是我国的特产，仅分布于我国青藏高原海拔 5 000 米以上的地区，已被列为我国国家一级保护动物。

牦牛最主要的特征是毛长，尤其是颈胸一带，毛可长达 50 厘米以上。毛黑褐色，角是圆形的并且斜着向上长。最大的雄牦牛肩高 2 米，体重 550 千克。

牦牛喜欢群居，它们经常栖居在空气稀薄、草木荒

野 牦 牛

凉、气候寒冷、食物稀少的环境里，不怕饿、不怕渴，平时吃山上的粗草，实在口渴时才下山喝水。它们白天休息，清晨和黄昏的时候出来活动。秋季繁殖，妊娠期8～9个月，2 岁成熟。人们通过长期努力，已把野牦牛驯化成今天的家畜牦牛。牦牛有"高原之车"和"冰河之舟"的美称。

◎ "四不像" ——麋鹿

"四不像"是珍贵的鹿科动物，学名叫麋鹿。它个儿不大，有角，有一条长 50 厘米的尾巴。之所以叫"四不像"，就是说它的蹄像牛而不是牛，尾像驴而不是驴，颈像骆驼而不是骆驼，角像鹿而没有鹿的眉叉。它的尾巴比一般鹿长，还生有丛毛。一般体长 2 米，肩高 1 米多，体重为 100 ~ 200 千克，全身的毛能随季节变化，冬天棕灰色，夏天淡红褐色。不但喜欢玩水，还会游泳，主要在河旁、湖沼地带以水生植物及岸边青草为食。

麋鹿有争夺配偶的习性。雄麋鹿之间常常发生凶猛的角斗。雌兽怀孕期 10 个月，每胎只产一仔。

麋鹿原本是我国的特产动物，到前清时，只在北京南苑的"南海子皇家猎苑"里发现唯一的一群。后来被盗运到国外，在我国就绝迹了。1956 年，英国伦敦动物学会赠送我国两对四不像，才使它们重新回到故乡繁衍生息。

麋　鹿

◎ "杂技演员" ——海狮

海狮属于鳍脚目海狮科，它的吼声像狮子，雄海狮前额较高，胡须长而浓密，颈部长着雄狮那样的长毛，所以被称为"海中的狮子"。它的 4 条腿很像鱼鳍，适合在水中游泳，后腿朝前弯曲，既可在陆地上走路，又能像狗那样蹲在地上。

海狮的食量很大，每天可以吞食 30 ~ 40 千克鲜鱼。海狮每胎产一仔。小海狮不会游泳，也不敢下水，后来慢慢地学会了到海里去游泳和捕食。

全世界约有 14 种海狮，生活在太平洋和南大西洋。其中个儿最大的要算北海狮，雄的有 3.5 米长，重 1 吨，不过它胆小如鼠，一有风吹草动，便从岸上跳入海里逃命。

海　狮

◎ 好斗的海狗

海狗又叫海熊，是海狮的"亲戚"。长 1 ~ 2 米，面貌像狗，头上有高高的额骨，两旁长着耳壳，眼珠转动灵活，满身是浓密的黑色软毛。四肢很短，变成了鳍一般，它在水中游泳倒很方便，可陆上步行就显得艰难了。

海　狗

海狗的雌雄大小差别很大，一只雄海狗体重可达 203 千克，雌海狗只有 36 千克左右，雄海狗平均要比雌的重 5.2 倍。一头雄海狗常常有 40 头左右的雌海狗"妻子"，最多的有 108 头。每年繁殖季节，年富力强的雄海狗先到达繁殖场，在海岸或岩石上，占据一块地方，耐心地等雌海狗来。雄海狗的性格好斗，又叫"斗狗"。它们为了争夺雌海狗，常常发生凶恶的斗咬，一直到对方被打败逃走为止。

◎ 安详的海牛

海牛身体长 3 ~ 4.5 米，重约 450 千克。身体像一只灰色的圆桶。圆圆的尾巴向外突出，很像一把铲子。它只有 6 节颈椎骨，而其他哺乳动物都是 7 节。成年的海牛，身上没有毛，只是头部有稀少的硬毛和触毛。

海　牛

海牛是一种生性安静，行动缓慢的动物，从来不远离海岸到大洋深海中去。天气晴朗时，常常涌出水面游玩，有时也成群结队在海中游荡。

海牛主要吃海里的水生植物和海藻。海牛身上有时布满海藻，它就在沙里翻滚，或在木桩上摩擦，打扫自己的身体。

◎ 大海的 "精灵" ——海豚

海豚是一类非常聪明的海洋哺乳动物。它的智慧超过了猿和猴，是海洋中的"智能动物"。

海豚种类很多。它的外貌像鱼，背脊上有一个背鳍，上下颌都长牙齿，喜欢在水中成群漫游，吃鱼、乌贼、虾、蟹等。性情温和，能学

海　豚

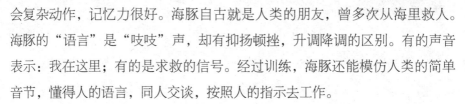

会复杂动作，记忆力很好。海豚自古就是人类的朋友，曾多次从海里救人。海豚的"语言"是"吱吱"声，却有抑扬顿挫，升调降调的区别。有的声音表示：我在这里；有的是求救的信号。经过训练，海豚还能模仿人类的简单音节，懂得人的语言，同人交谈，按照人的指示去工作。

现在，人们已能训练海豚来照料人工饲养的海鱼。实验证明，受过训练的海豚可参加水下救生或给潜水员传递工具和信件。

◎ 不是狐狸的狸

狸又叫貉或狗獾，外貌长得有点儿像狐狸，与狐狸不同的是，体形稍短，身躯肥胖，尾巴没有狐狸长，吻没有狐狸尖。狸身体有 65 ~ 80 厘米长，体重 4 ~ 10 千克。两耳很小，嘴巴较小，两颊长着横生的长胡须，两眼下有明显的八字形黑斑纹，满身披着厚实的灰褐色长毛，好像娇小的身躯穿着一件"棉大衣"。尾巴上的毛蓬蓬松松，很容易被认出来。

狸

狸的故乡是中国、日本和俄罗斯，它穴居在河谷、山边和田野间。狸不会爬树，它在地面挖掘洞穴，足趾不大善于活动，常常用嘴衔住捕到的猎物。狸吃的东西很杂，不论是虾、蟹、鱼、蛙、鼠，还是鲜果、蔬菜、杂草，它都吃。它昼伏夜出，冬季到来时，钻到洞穴里去冬眠，度过漫长而艰苦的冬天。

◎ 青藏高原的白唇鹿

白唇鹿是我国青藏高原地区特产的珍贵动物，是鹿类中稀有的一个品种，已列为我国国家一级保护动物。

白唇鹿体型较大，身长约 2 米，肩高 1.3 米，重达 130 千克左右。它的颈

白唇鹿

较长，从颈至肩部都披着长毛，尾巴很短，只有 30 厘米长，耳朵又长又尖，鼻子宽阔而厚实。下唇和吻端两边为纯白色，所以得名白唇鹿。

白唇鹿生活在海拔 3 500 ～ 5 000 米的高山灌林带或山地草原上，吃草类和矮小的灌木。身上有厚密的长毛，不怕寒冷和风雪，四蹄宽大，习惯于翻山越岭。它是群居动物，常做远距离的迁徙，是一种十分顽强和能吃苦的鹿。

雄的白唇鹿有长而扁平的角，角有 8 个分支，支位较多，又特别长。新生的嫩角外面包着一层绒毛，就是鹿茸，是一种珍贵的药材。

◎ 伶俐的小熊猫

小熊猫是浣熊科的动物。它的尾巴上有 9 个黄白相间的环纹，所以俗称九节狼。它身长 60 厘米左右，又粗又长的大尾巴有 40 多厘米长。圆头宽脸，白色的大耳朵，细眼睛，逗人发笑的白花脸上，长着一个短鼻子。样子有点像猫，又有点像熊，四脚粗壮，足底生毛，爪子有半收缩性。上身披着棕红色的短毛，下身覆盖

小　熊　猫

着黑褐色的细毛，它动作灵巧，能攀爬到很高很细的树枝上去。

小熊猫也是世界珍稀动物，分布在我国的四川、云南和青藏高原以及缅甸、尼泊尔和印度阿萨密的高山密林里，居住在枯树洞或岩石洞中，早晚出来找吃的东西。小熊猫吃野果、野菜、嫩叶、根茎、昆虫、小鸟和鸟蛋，而且在吃食之前，总要先把食物洗一下。

◎ 爱清洁的浣熊

浣熊和小熊猫同属浣熊科，它身躯和四肢细长，面有黑斑，鼻子长长的，身披黄、棕、灰色的混合毛。它的尾巴上有明显的黑白相间的环纹。浣熊有 7 ~ 13 千克重，主要生活在北美洲。

浣熊喜欢住在树洞里，白天睡觉，夜里出来觅食。它什么都吃，包括五谷杂粮，各种水果蔬菜、鱼、蛙、兔、鼠、鸟等。在

浣　熊

吃东西前，它总要把食物放到水中冲洗一下，因此被叫作浣熊。

浣熊是不冬眠的。到了繁殖期，母浣熊在树洞里产子，每胎生 5 ~ 6 头小浣熊。浣熊妈妈常靠在树边，坐着给小浣熊喂奶，还轮流给它们洗刷皮毛。

◎ 贪婪的狼

狼是犬科动物，遍布亚欧和北美洲等地，种类很多。

狼

　　狼长得像狗，只是体型比狗稍大一些，眼较斜，口稍宽，吻略尖，尾巴短些。狼的尾巴从不卷起，只是垂在后肢间，耳朵竖立不弯曲。皮毛一般是灰黄色，有时因产地不同，毛的颜色也有差别。

　　狼生性残忍、机警、多疑和狡猾，它那尖锐的犬齿可以将食物撕开。狼的视觉、嗅觉和听觉都十分灵敏。平时，它单独活动，或**雌雄同居**。到了冬季，就聚合成群，合作出猎，同类很少自相残杀。

基本小知识

犬齿

　　哺乳类或与哺乳类相似的动物，上下颚门齿及白齿之间尖锐的牙齿。哺乳动物的牙齿是有分化的，科学家们根据它们不同的形态和功能分别称之为门齿、犬齿和颊齿（包括前白齿和白齿）。犬齿位于门齿和白齿之间，为圆锥状的尖齿。肉食性动物的犬齿非常发达，而草食性动物有的则没有这种牙齿。犬齿的主要用途为撕裂食物，也就是我们说的犬牙、虎牙等。

　　狼吃的食物很杂，主要捕猎较小的或病弱的动物，如野兔、水獭等，还有家禽、家畜，有时也袭击大型动物。狼的食量还很大，一次能吞吃十几千克肉。狼在牧区对牛羊，甚至对人都有很大的危害，有的国家甚至用直升机来消灭狼群。

◎ 凶狠的豺

　　豺又叫豺狗，属野犬的一种，是非常凶狠和强悍的动物。它分布在俄罗斯、中国、南亚和东南亚各国。

　　豺的体型比狼小，比狐大，长约1米，额较低，耳朵较圆而

豺

小，吻比狼短。豺大都群居在山地、丘陵的森林带，既耐寒又耐热，适应性很强。豺既诡计多端，又贪得无厌，同时还十分勇猛和大胆。除了犀牛、大象和老虎等大型动物外，其他野兽都不是它的对手。豺的主要食物是野猪和小鹿，有时也围攻水牛、野牛和大鹿，甚至从老虎口中夺取食物。遇到大型动物时，豺喜欢集体活动，常常边追边咬，几只豺你一口我一口，就把一只动物瓜分了。有趣的是，豺对温和的大熊猫却无计可施，常常败下阵来。

◎ 狡猾的貂熊

貂熊又叫狼獾，它是貂的"亲戚"，身躯和腿粗壮得像熊，所以叫貂熊。

貂熊身长 90～105 厘米，体重 15～18 千克。身披黑褐色长毛，胸腹部两侧、额部和两颊的毛为淡褐色。喉部有白色的斑纹。四肢粗壮，脚掌下有毛，爪子长而弯，是捕食的有力工具。貂熊主要生活在亚欧两洲北部，北美洲的寒带森林区和我国大

貂　熊

兴安岭林区。貂熊喜欢居住在石崖间或岩石下，既会爬树，又会游泳，白天睡觉，夜里出来抓兔、鼠、河狸、鸟等小动物，甚至到猞猁嘴里抢东西吃。由于貂熊的数量极少，我国已将其列为一级保护动物。

◎ 草原上的"长跑健将"——高鼻羚羊

高鼻羚羊也叫赛加羚羊，属于偶蹄目牛科，是草原上珍贵的动物之一。高鼻羚羊一般肩高75厘米，体重35千克，全身生有苍灰色的密毛，入冬后

高鼻羚羊

毛色变为灰白。雄羚羊有角，雌羚羊只在头上有一个小突起。雄羚羊的角往头顶上长，比较直，最长的有 37.4 厘米长，上面有 11～13 个环节，角的颜色像黄蜡，半透明，角尖稍带黑色并有点钩状。这就是中药里贵重的羚羊角。高鼻羚羊有一个特殊的鼻子，整个鼻子很长，鼻腔非常肿胀，呈管状下垂，鼻孔长在最尖端。因此被称为"高鼻羚羊"。

高鼻羚羊常成群活动，吃多种植物，奔跑时跳跃式前进，最快每小时可奔跑 60 千米，能赛过一般快马的速度，所以高鼻羚羊被称为草原上的"长跑健将"。

◎ 家马的祖先——野马

野马又叫蒙古野马，属奇蹄目马科，是世界珍奇动物之一。野马长得像家马，毛呈棕褐色，个矮腿短，通常没有垂在额部两眼间的那簇长毛，鬃很短而且直立；

野 马

尾巴上的长毛，不像家马那样由基部而生，而是由尾根上 1/3 处开始长长毛；

蹄小而圆。

野马生活在草原上，夏季由一匹雄马率领 10 多匹雌马和幼马，边走边吃草或其他野生植物。到了冬天，小马群变成了大马群，共同找吃的，共同对付狼群。野马还每天定时到河边或池塘边喝水，然后在附近休息几个小时。野马一般在 6 月交配，第二年 4～5 月下驹。

◎ "小型掘土机" ——旱獭

旱獭又叫土拨鼠，在动物分类学上属于啮齿目松鼠科，是草原中经济价值较大的毛皮兽之一，生长在北半球温带草原和半荒漠及丘陵和山岳地带。

旱獭的外貌有点像兔子，它体形肥胖，头短而阔扁，上唇开裂，听觉、视觉都很敏锐。四肢粗壮有力，尾短，耳朵小。它的毛色随季节发生变化，但背部一般为棕色或稍杂黄白色，头顶到鼻部和尾部深棕色，颈侧及四肢浅黄色，腹部为土黄色。

旱獭生活在气候凉爽、干燥的环境里。它善于掘土，在它的生活区，往往一块地方有几百、上千个洞穴，每个洞穴

旱　獭

中居住着几只到十几只旱獭。晴天，它们爱在洞穴前晒太阳，如果遇到惊吓，便立即钻入洞穴里。旱獭喜欢吃各种青草的叶子、草根和种子。旱獭冬天在洞中冬眠。

◎ 全身都是宝的梅花鹿

梅花鹿属于偶蹄目鹿科，是一种极其珍贵而又稀有的经济动物。梅花鹿

梅 花 鹿

全身红棕色，身体两侧生有整齐而明显的白色圆斑，远远看去好像一朵朵梅花，所以叫"梅花鹿"。雄鹿的角很长，每年换一次角，脱落旧角，长出新角，雌鹿没有角。雄鹿每脱一次，角上就增加一个分叉，一般最多有4个分叉。一只健壮的成年雄鹿，每年可以锯收两次鹿茸。

梅花鹿胆子很小，是一种极易饲养的温顺动物。目前，野生的梅花鹿数量已非常稀少了，被国家列为一级保护动物。

梅花鹿的全身都是宝，鹿茸是世界闻名的滋补良药，鹿胎、鹿脯、鹿尾、鹿鞭、鹿肾、鹿骨等都可制药，鹿肉鲜美，鹿皮可制革。

◎凶猛的食肉兽——老虎

老虎起源于亚洲东北部，然后向西和向南发展，其分布范围较广，从西伯利亚一直伸展到马来群岛。主要有印度虎、爪哇虎、东北虎、高加索虎、孟加拉虎、巴厘虎等种类。野生的东北虎，现在世界上数量很少，估计不足400只。仅分布在亚洲东北部，即我国东北、俄罗斯和朝鲜部分地区。东北

老 虎

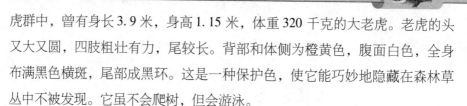
虎群中，曾有身长 3.9 米，身高 1.15 米，体重 320 千克的大老虎。老虎的头又大又圆，四肢粗壮有力，尾较长。背部和体侧为橙黄色，腹面白色，全身布满黑色横斑，尾部成黑环。这是一种保护色，使它能巧妙地隐藏在森林草丛中不被发现。它虽不会爬树，但会游泳。

老虎可称得上是森林之王，凡是可食的动物，它都吃。老虎最厉害的"武器"就是它强大的爪子和巨大的犬齿。它的舌头上还有很多尖刺，无论是什么动物，只要落入它的口中，也只能任其宰割了。

◎拦河修坝的河狸

河狸又叫海狸，主要生活在俄罗斯、我国和北美洲。河狸身体肥胖，长约 70 厘米，体重 20 千克。全身的毛为棕褐色，前肢弱小，有一对锋利的爪

河 狸

子，后肢发达，还长了蹼，尾巴大而扁平，是游泳和潜水的好手。有趣的是，河狸还有一套拦河筑坝的本领呢。它们总是选择靠近森林的小溪、小河作为坝址，然后选长短、粗细合适的白杨树，用它们尖利的牙齿锯倒它，有时锯一棵大树要连续工作十几个夜晚呢。下一步它们把树干分段咬开，齐心合力将短木拖到河中，借助河水把短木冲到坝址，然后河狸就开始筑坝了，它们把粗大的树枝用劲插入河底，再用带叉的树干将它撑住，靠下的一头顶在石头上，非常牢固，最后用细树枝、粘泥、石块填塞在立木之间，压得紧紧的，大坝一点也不漏水。河狸修的坝还很长很大呢，在美国杰斐逊河上，河狸修筑的大坝足有 700 米长，坝上可以骑马跑过。

◎ 角马的 "长征"

角马是非洲著名的珍贵动物。角马共有两种：一种体型较大，尾巴黑色，叫黑尾角马；另一种体型较小，尾巴白色，叫白尾角马。它们的头像牛但有胡须；身体像羚羊而头颈却又粗又短，有鬃毛；尾巴像马，长而多毛，所以又叫牛羚。

每年 7 月末到 8 月初，角马从坦桑尼亚的塞伦格提向北方挺进。这是角马一年一度的季节性大迁徙。角马的迁徙是非常艰辛的，它们要日夜兼程，越过峡谷、河流，还要抵抗猛兽的袭击。这千辛万苦的"长征"是迫不得已的。因为每年 12 月到第二年 7 月，塞伦格提平原气候

角　马

凉爽、干燥，地上满是嫩草，角马可以不愁吃喝地生活在这里。可是 7 月初进入雨季后，角马的粮源就断了。所以它们选择了迁徙。

◎ 浑身长刺的豪猪

豪猪又叫箭猪、刺猪，广泛分布在我国的长江流域和西南各省。它的身体肥壮，体重十几千克，身体长 50～70 厘米，牙齿锐利，头部有点像老鼠，全身棕褐色，从背部直到尾部披着簇箭一样的棘刺，臀部棘刺长而集中，尾巴隐藏在刺里面，不容易看到。它身上最粗的长刺像筷子，呈纺锤形，最长的可达 0.4 米，每根刺的颜色都是黑白相间的。豪猪居住在洞穴里，每年繁殖一次，每次产仔 2～4 只。刚生下的小豪猪的刺是软的，但很快会

变硬。

豪猪遇到敌兽时，它屁股上的长刺会立即竖起，并发出"沙沙"的声音警告对方。如果敌兽再紧紧相逼，它就转身用屁股相迎，把刺刺进对方肉里。有时候虎、豹被豪猪刺伤后，会造成烂舌头和瞎眼睛。

豪　猪

◎长江的宠儿——白鳘豚

白鳘豚又叫白鳍豚，是我国特产的一种淡水鲸，只生活在我国洞庭湖及其附近的长江中下游水域，是我国的国家一级保护动物。虽然白鳘豚生活在水中，但它是哺乳动物的一种。

白　鳘　豚

白鳘豚身体上部呈漂亮的蓝灰色，腹部洁白，皮肤光滑。体长 1.5～2.5 米，重达 230 千克。它的眼睛小得像绿豆，耳孔也只有针眼大小。它的嘴部长达 30 厘米，嘴里长有 130 多颗牙齿，习惯用长吻伸到湖中烂泥里去捉鱼，无论多么光滑的鱼都难逃它的牙齿。

虽然白鳘豚的视力不好，但是它的身体内有独特的发声和接收回声定位的组织，频率都在超声范围，是超过现代化声呐设备的"活雷达"。它的上呼吸道有 3 对奇异的气囊和一个喉，能在水中发出不同的声音，用来进行回声定位，识别物体，探测食物，联系伙伴，逃避敌害等。

拓展阅读

声 呐

　　声呐的中文全称是声音导航与测距，是一种利用声波在水下的传播特性，通过电声转换和信息处理，完成水下探测和通讯任务的电子设备。有主动式和被动式两种类型，属于声学定位的范畴。声呐是水声学中应用最广泛、最重要的一种装置。

◎ 非洲丛林之王——大猩猩

　　大猩猩属于灵长目类人猿科，是猿猴类中最大的动物。长得壮硕魁梧的雄大猩猩，身高可达 2 米，体重可超过 290 千克，力大无穷，身体强健。雌大猩猩一般身高不超过 1.4 米，体重 150 千克左右。

　　大猩猩是非洲丛林之王，分布在非洲西部低地和非洲中部高山地带。主要食物是各种野菜、嫩芽和野果，很少偷吃农作物。如果人和野兽向它进攻，它就会用足有几百千克臂力的"手"来反击，所以连凶猛的非洲狮也不敢惹它。

大　猩　猩

生活在热带丛林中的大猩猩是聚族而居的。一个家族少则 3～5 只，多的可达 10 只以上，由一只最大最强壮的雄大猩猩当"家长"，它们一块儿生活，一块儿活动。

大猩猩的智力很发达，自然寿命为 20～26 岁。目前地球上大猩猩的数量已经非常稀少了。

◎聪明的黑猩猩

黑猩猩是几种猩猩中体型最小、最聪明的。它的家乡在非洲中部和西部森林，它也属于灵长目类人猿科。一身黑毛的黑猩猩长得和大猩猩差不多，只不过它的头顶较平，不像大猩猩的那样尖，而且还长着一对非常显眼的扇风耳。身高为 1.2～1.4 米，体重 45～75 千克。

黑猩猩主要生活在树上，会造简单的屋子。它们并不定居，常常是每天晚上搬一次家。幼年的黑猩猩最聪明，还很活泼、温顺，教什么，很快就能学会。有的黑猩猩会滑冰、骑自行车等。黑猩猩的聪明不但表现在模仿方面，而且在思维和理解方面也到了一定的程

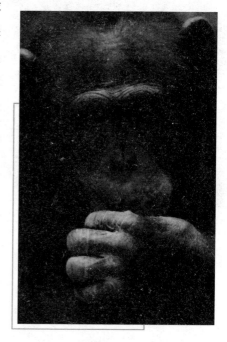

黑 猩 猩

度。科学界一致认为，黑猩猩是除人类以外最聪明的动物，它的智力在 5～6 岁达到顶点。黑猩猩的平均寿命在 25～32 岁。

◎ "林中野人" ——猩猩

　　猩猩的老家在亚洲的苏门答腊岛和加里曼丹岛。猩猩和大猩猩、黑猩猩是同族兄弟，它比大猩猩小，比黑猩猩大。猩猩身上的长毛稀疏柔软。它的胳膊又长又粗，腿却又短又弯，又圆又大的脑袋上长着两个很小的耳朵。

　　猩猩喜欢在树上攀缘行走，它的两只长胳膊灵活有力，在树与树之间就像荡秋千一样，自在快活。一旦离开树林，到了地上，它就显得十分笨拙迟缓了。它爱吃果实和嫩叶。

　　猩猩不喜欢群居，而以小家庭的形式生活。老雄猩猩性情孤独，常常像老和尚打坐一样，一动不动地坐着。

猩　猩

年老的猩猩性情暴烈，猩猩之间的搏斗经常要斗到一方将对方打受伤才肯罢休。

◎ "高音歌唱家" ——长臂猿

　　长臂猿在动物分类学上属于灵长目，它和黑猩猩、大猩猩、猩猩合称为"四大类人猿"。长臂猿生活在马来群岛、印度和我国云南西双版纳和海南省的亚热带、热带森林中。世界上共有13种长臂猿，最著名的是白掌猿。

　　长臂猿身长不过1米，体重7～14千克，没有尾巴，头小而圆，两臂特长，伸开有1.6～1.8米，超过体长，直立时手触地还有余。在树间常用"臂行法"行走，即两臂交互摆动悬跃攀树前进，其速度几乎赶上飞鸟。它们手脚并用，连攀带跳，两棵树间三四米的距离它们也能一跃而过，最远可跳10米。可走起路来，由于两臂太长，无处可放，只好举在头上，像是在投降，样子滑稽可笑。

长臂猿擅长鸣叫，那是一种警告信号，随后就全体动员，

长　臂　猿

连吼带叫地一齐参战。长臂猿一胎只生一只小长臂猿，7年左右才能成熟，如果不加以保护，也有灭绝的危险。

◎ 稀有珍贵的白头叶猴

白头叶猴又叫白猿，只生活在我国广西南部，不但是中国特产动物，还是世界著名的稀有猴子，已被列为我国国家一级保护动物。

白头叶猴的身体纤瘦，四肢细长，头顶有冠毛，好像戴着一顶白帽子，没有颊囊，尾长过身，体重8～10千克。它的体色，从头部到肩部为白色，手脚背面也杂有白色，尾巴是黑色的，但最

白头叶猴

末端则为白色。白头叶猴生活在岩溶地区，居住在岩洞和石缝当中，它那纤瘦的身躯、细长的四肢，就是适应树栖和岩栖的特征。白头叶猴善于跳跃、活泼好动，常常跳跃翻腾于山岩和树梢之间，靠它的长尾保持平衡。

基本小知识

颊　囊

灵长目的猕猴和啮齿目的松鼠、黄鼠、仓鼠等动物的口腔内两侧，具有一种特殊的囊状结构，被称为颊囊，有暂时储存食物的功能。此外，单孔目的鸭嘴兽也具有颊囊，这种颊囊的功能更为特殊，不是用来储存食物，而主要用来收集细小的砾石，帮助磨碎其他硬质的食物。

◎长着"狗嘴"的狒狒

狒狒是非洲热带草原最著名的猿猴类，属于灵长目猴科。狒狒的外形像狗，尤其是它的长嘴巴非常像狗嘴。它面貌丑陋，深红色的鼻子和鲜红色的臀部尤其显眼。雄狒狒不但魁梧，而且头的两边到肩背还披着很长的毛，好像渔翁的蓑衣，因而又叫蓑狒狒。

狒狒喜欢结群，一群往往有百只以上。每群由若干个家族联合组成，有一只狒狒王，其他狒狒都听它指挥。每一群狒狒都占据一块非常广大的地盘，在这里它们可以自由活动。狒狒还懂得用石块做武器，它们只用石块对付"敌人"，而不用这种武器对付自己的伙伴，即使是

狒　狒

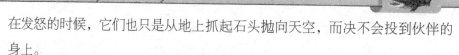

在发怒的时候，它们也只是从地上抓起石头抛向天空，而决不会投到伙伴的身上。

◎ "听觉冠军"——蝙蝠

蝙蝠是一种会飞的兽类，属于哺乳纲翼手目。分布在除极地和大洋中的某些岛屿之外的其他地方。它是动物中的"听觉冠军"。蝙蝠可以根据回声的快、慢、先、后辨别前方是食物还是障碍物。这样，即使是在伸手不见五指的黑夜里，它也能躲开障碍物去捕捉蚊子、苍蝇和飞蛾。蝙蝠的眼睛其实并没有什么太大的作用。在蝙蝠的前肢和后腿之间，有薄薄的、没有毛的翼膜，好像鸟的翅膀一样，所以蝙蝠能够在空中飞行，不过它不喜欢阳光，白天在洞中倒挂着休息，晚上才出来活动。

蝙 蝠

蝙蝠根据体型的大小，分为大蝙蝠和小蝙蝠两大类，大蝙蝠主要吃果子，小蝙蝠吃鱼、吸血、吃花蜜和花粉。在南美洲的热带森林中有一种吸血蝠，以吸动物和人的血液为生，是名符其实的"吸血鬼"。但在中国传统文化中，蝙蝠象征着福气。

◎ 性情懒惰的树懒

树懒是南美洲热带森林里的一种原始的动物，属于贫齿目树懒科。树懒约有 9 千克重，毛又长又厚，头小而圆，尾短，灰褐色。树懒是唯一身上长有植物的野生动物，由于身上常常长有地衣和藻类植物，所以从远处看上去是绿色的，挂在树枝上不容易被人发现。

树懒常年居住在树上，难得下地。它总是抱着树枝，竖着身体向上爬行，或倒挂在树上，靠四肢交替向前移动。它能长时间倒挂，甚至睡觉也是这种姿势。它的前肢很大，明显长于后肢。在地上时，由于四肢斜向外侧，不能支持身体，它只得靠前肢爬，拖着身体前进。在热带盆地，雨季地面泛滥时，

树　懒

树懒能游泳转移。树懒主要吃树叶、嫩芽、藻类和果实等。它的一切动作都非常缓慢，把一条腿抬起几厘米就需要 30 秒左右。连打个喷嚏也慢得出奇。由于消耗体力很少，所以它只吃极少的食物就够了。树懒一生都不喝水。如果没有食物，树懒也可以忍饥挨饿，有时可忍受一个月之久。

◎ 珍奇的金丝猴

毛质柔软的金丝猴，是中国特有的珍贵动物，群栖于高山密林中。中国金丝猴分川金丝猴、黔金丝猴、滇金丝猴和 2012 年新近发现的"恕江金丝猴"（暂定名）。此外还有越南金丝猴和缅甸金丝猴两种金丝猴。我国的金丝

金 丝 猴

猴均已被列为国家一级保护动物。金丝猴的脸是天蓝色的，周围长着线毛，圆溜溜的黑眼珠，朝天的鼻子，所以又叫仰鼻猴。它的尾巴比身体还长，身上披着金黄色的长毛，背毛长达 35 厘米以上，宛如肩披金黄的蓑衣。小猴的毛色浅黄，大猴的毛色黄中带红，在阳光下像金丝那样闪闪发光，因此叫金丝猴。

金丝猴机智倔强，动作灵活，喜欢在高大的树冠上攀爬跳跃，嫩枝、幼芽、树叶、树皮、竹叶、野果、种子、竹笋它们都喜欢吃。一般来说，金丝猴喜欢成群活动，每一群有一个猴王，大猴、小猴都得听它指挥。如果有一只受伤，其他猴子都会过来救护。

◎ 蚂蚁的"克星"——食蚁兽

食蚁兽生活在中美洲和南美洲的热带雨林里，属于贫齿目食蚁兽科。食蚁兽长相古怪，一张长而尖细的嘴和一个大而蓬松的尾巴，是它最显著的特征。它身体呈灰色，背脊两边有宽阔的黑色条纹，条纹旁边还有白色的边。它小眼睛、小鼻子、小耳朵、小嘴巴，没有牙齿，

食 蚁 兽

舌头又细又长，善于伸缩。身长2~2.4米，体重30~35千克。

食蚁兽喜欢生活在河边、低湿草地或森林湿地。食蚁兽捕蚂蚁有两样武器：爪子和舌头。它的爪子十分强大，不但能挖掘蚁穴，而且还是自卫武器，能抵挡敌兽的尖牙利爪。它的舌头有丰富的黏液，能把白蚁吸入口内。

广角镜

白　蚁

白蚁亦称虫尉，俗称大水蚁（因为通常在下雨前出现，因此得名），等翅目昆虫的总称，约3 000种，为不完全变态的渐变态类社会性昆虫。每个白蚁巢内的白蚁个体可达百万只以上。

食蚁兽每次产1仔，哺乳期7个月，雌兽经常将幼兽放在背上行走。食蚁兽脾气温和，对人畜没有危害，是一种对人类有益的动物。

◎ 可爱的树袋熊

树袋熊又名考拉，属有袋目袋鼯科。它是生活在澳大利亚桉树林里最珍贵的有袋动物。

树 袋 熊

树袋熊胖乎乎的身体有70~80厘米长，毛厚又软，圆滚滚的脸，炯炯有神的眼睛，长相很像熊。它没有尾巴，耳朵长满密毛，鼻子光秃秃的，非常突出，好像贴上一块黑色橡皮膏。

树袋熊性情温顺。一般一胎只产一仔，偶尔也有双胞胎。小兽在母兽的育儿袋中生活，出袋后常骑在母兽的背上，直到长成和"父母"一样大。

树袋熊只吃桉树的叶子。它长年栖居在树上，很少下地饮水。

◎ 陆地上最大的动物——大象

大象自成一目，叫作长鼻目象科。世界上有两种大象：一叫非洲象，高3米多，重5~6吨；另一种叫亚洲象，高2米多，重3吨多。

大 象

大象的鼻子用处可大了，除了嗅觉外，它能搬运木材，吸水冲刷自己的身体，吃东西，饮水。象鼻还是作战的武器。

象牙也是大象的武器。非洲象雌雄皆有突出的长牙，而亚洲象只雄象有门齿外露，雌象门齿大多数藏在口里不露出来。

大象是一种合群的动物，一般每群有20~40只，它们一同觅食，一同迁移。每个象群中都有一只雄象作为"领导"。大象是长寿的动物，一般可活到100~120岁。

◎ "铠甲武士"——穿山甲

穿山甲又名鲮鲤，属于鳞甲目鲮鲤科，是全身披着盔甲的一种动物。穿山甲的身体狭长，头部又尖又长，四肢粗短，尾巴扁平。它那尖细的嘴巴像一支笔管，它没有牙齿，全靠一根细长而有黏液的舌头，舔食白蚁和蚂蚁等小虫子。它的身上不长毛，满身披着一层扁平

穿 山 甲

的角质鳞甲。

穿山甲过着雌雄共栖的穴居生活。夜间爬出洞外，它走路时前肢指关节着地，跪着行进。它常用强有力的爪子扒坏白蚁的巢，伸出又长又粘的舌，舔食蚁群和其他昆虫。因为穿山甲没有牙齿，所以吃的食物全靠胃里留存的几块小石子来研磨。它的视觉很差，但嗅觉却很灵敏。而且胆子非常小，一旦遇到惊吓，就蜷缩成团，再凶猛的野兽，见到了这团满身的鳞甲，也无从下嘴了。

◎ 世界上最大的羚羊——大羚羊

大羚羊又叫大角斑羚。一般身长 2.8 ~ 3.3 米，肩高 1.7 ~ 1.8 米，体重 600 ~ 900 千克，是世界上最大的羚羊，身材同水牛差不多。它的毛为棕色或者灰黄色，肩背上有横跨身体的细白纹。雌雄大羚羊都有角，角的形状像旋曲的钻头一样，雌羚羊的角细而长，最长可达 1 米以上，雄的一般不超过 90 厘米。

大　羚　羊

大羚羊主要生活在非洲有疏林的草原地区，它们群居生活，有时一群达 50 ~ 100 头，年长的雄大羚羊做"大王"，率领大家一起找东西吃。有趣的是大羚羊能够用它的角来摄取食物，这是羚羊类中少见的现象。它喜欢把一根小树枝夹在两角之间，头猛的一扭，树枝就折断了，成了它的食物。

橡 胶 树

　　制作橡胶的主要原料是天然橡胶，天然橡胶就是由橡胶树割胶时流出的胶乳经凝固及干燥而制得的。橡胶树，落叶乔木，有乳状汁液，适于在土层深厚、肥沃而湿润、排水良好的酸性砂壤土中生长。浅根性，枝条较脆弱，对风的适应能力较差，易受风寒并降低产胶量。栽植6～8年即可割取胶液，生长寿命约60年。

◎ 凶猛暴烈的野水牛

　　野水牛属于偶蹄目牛科，是一种大型食草动物。野水牛是家水牛的祖先，只不过比家水牛的体型大。其中最大的是南非野水牛，它身长2.6米左右，肩高1.6米以上，体重约600千克。它的角不像亚洲水牛的角那样从额两旁生出，而是从额正中间生出并且两角基部连接起来，形成一块坚强的盾。两角尖端相距很宽，最大距离可1米以上。

野 水 牛

　　野水牛在东南亚和非洲都有分布，喜欢吃青草和水草。它们成群栖息在江湖附近的草原或沼泽地带，白天休息，早晚外出觅食。晚上集群睡觉，母牛和小牛睡在中间，公牛睡在外围，以防不测。雄水牛力气大、性情凶暴，连狮子、老虎一类的猛兽也不敢轻易惹它。

◎ 黑白分明的斑马

　　斑马是非洲的特产动物，是热带草原的象征，属于奇蹄目马科。因为它身上有一黑一白的鲜明的斑纹，所以叫斑马。

斑　马

　　斑马除了身上的斑纹特殊之外，在形态上和普通马差不多。斑马身上黑棕色和白色相间的光滑条纹，很像一幅美术图案，在太阳的照射下更显得黑白分明。这些条纹是适应环境的保护色。因为在阳光或月光的照射下，反射光线各不相同，起着模糊或分散斑马身体轮廓的作用，远远望去，很难将它同周围环境分辨开来。斑马的"集体主义"精神很强，常常是几十匹成群结队地巡游觅食，有时羚羊、鸵鸟也会加入它们的行列。

◎ 世界上最高的动物——长颈鹿

　　长颈鹿属于偶蹄目长颈鹿科，是世界上最高的动物。它的头颈和腿都很长，站立起来有 6 米高。

　　长颈鹿生活在非洲东南部，常成群站立在稀树草原中，一动不动，每群约有几十只。它们爱啃食阿拉伯橡胶树的叶子，很少喝水，这是因为它们的脖子不容易弯曲，腿又很长，要想喝水，

长 颈 鹿

必须把前面两条腿分别伸展到两边，或者跪在地上，才能使头部碰到水面喝上水。它们每喝一次水都要费很大的劲，也容易受到敌兽的侵害。

长颈鹿性情温顺，它能和羚羊、斑马等动物和睦相处，从不打架。长颈鹿还是个"哑巴"，这是因为它没有声带，即使在极痛苦或非常恐惧时也从不鸣叫。长颈鹿走路姿态非常斯文但跑起来速度相当快，连马也赶不上。

◎ "神奇之兽"——犀牛

犀牛是一种厚皮的大型食草动物，虽然它长得很像牛，但在分类学上和马相近，属于奇蹄目犀科。

犀牛体重 1 000 ~ 3 600 千克，体长 2 ~ 4 米，是第二大的陆生动物。犀牛身体肥胖，四肢粗壮，角生在嘴上，门齿不发达，毛极稀少，呈微黑色，皮厚而韧，多褶缝。它眼睛小视力弱，智力也差，别看它模样笨

> **趣味点击　犀牛鸟**
>
> 除了帮助犀牛驱虫外，犀牛鸟对犀牛还有一种特别的贡献。犀牛虽然嗅觉和听觉很灵，可视觉却非常不好，是近视眼。若是有敌人逆风悄悄来偷袭，它就很难察觉到。这时候，它忠实的朋友犀牛鸟就会飞上飞下，叫个不停，提醒它注意，犀牛就会意识到危险来临，及时采取防范措施。

拙，听觉和嗅觉却很灵敏，动作也敏捷。它有一个怪脾气，一旦发现目标活动，就会来个突然袭击，快速向目标猛冲，这时就连大象和野牛也都远远地躲着它。

犀牛虽然蛮横凶猛，但它却有最知心的朋友——犀牛鸟与它相伴，因为犀牛身上有一些褶缝，

犀　牛

皱折里钻进了各种寄生虫，叮咬它的皮肤，令它痛痒难忍，而停在它背上的犀牛鸟，则经常在它皮肤的皱折处觅食小虫。难怪有人称它们为犀牛的"私人医生"。犀牛繁殖力不强，一胎只生一头，大约活 50 年。犀牛角是名贵药材。

◎ 大嘴巴的河马

河马是生活在非洲大河和湖泊里的半水栖动物。长 3 ~ 4 米，高 1.5 米，重 3 ~ 4 吨。它身体表面光滑无毛，腿短身体圆，嘴大鼻子宽，头大耳朵小，眼睛向外突出，鼻孔、眼睛和耳朵全长在脸的上部，几乎成一平面。当它潜伏在水中的时候，只有眼、鼻、耳露在外面；它的一对下门齿不是向上长，而是向前突出，

河 马

样子非常难看。河马的皮肤是黑紫色的，排出的汗是红色的。

河马喜欢成群生活在水中，吃水生植物，它们的胃口很大，一头每天能吃 100 千克草料。河马虽然长相丑陋，但很温柔，从不伤人。

河马每次产 1 仔，妊娠期 8 个月，5 岁左右成熟，寿命约 30 岁。

◎ 并非兽王的兽王——狮子

狮子是食肉目猫科动物，被人们称为"兽中之王"。狮子最大的特点是头大。雄狮颈上肩头有很长的鬃，尾端有一个相当大的毛球，一头雄狮有 3 米长，200 ~ 250 千克重。现在世界上的狮子只有两种：一种是非洲狮，生活在非洲的稀树草原和印度的吉尔丛林区；另一种是美洲狮，生活在南美的丛林

狮 子

和丘陵地带，大小和金钱豹差不多。

野生的非洲狮，常常 30 只左右成群活动，内有一只雄的狮王。狮子习惯于白天休息或睡觉，晚上才外出活动。一般是在早上、晚间出来找东西吃，它们喜欢捕食斑马、角马、长颈鹿、羚羊和野猪等动物。雄狮十分懒惰，一整天中有 20 个小时是在睡觉和休息中度过的。平时，不是从较小的动物那里抢夺食物，就是从雌狮那里抢占猎物，或是寻找动物的尸体吃。由于食物不足，它常常把仅有的食物吃光，让幼狮活活饿死。雄狮并不是想象中的捕猎英雄，在行为上也不具"王者"风范。

◎"戴盔披甲"的犰狳

犰狳是一类"戴盔披甲"的动物，生活在南美洲、中美洲和美国南部地区。属于贫齿目犰狳科。

犰狳的身体很特殊，全身披有坚硬的盔甲，并分成前、中、后三段，前后两段有整块、不能伸缩的骨质鳞甲覆盖，中段的鳞甲成带状，与肌肉连在一起，可以伸缩。

犰 狳

尾巴和腿上也有鳞片，鳞片之间还长着毛，腹部只长密毛，没有鳞片。

犰狳夜间独自出来活动，是杂食性动物，昆虫、蠕虫、鸟蛋和小蜥蜴等都是它的美味佳肴。它的食物大多数是害虫，所以犰狳是人类的朋友。犰狳具有很强的掘土能力，有的种类能在坚硬的土地上掘洞，几分钟内就把自己全身埋入土中。

◎ "跳远健将" ——袋鼠

澳大利亚是袋鼠的故乡，共有 50 多种袋鼠，其中大灰袋鼠和大赤袋鼠是整个袋鼠家族的"巨人"，鼠袋鼠则是这个家族的"侏儒"。

大袋鼠体形很像老鼠，但头小耳大。身长约 1.5 米，体重将近 100 千克。袋鼠的后腿和尾巴强大有力，平时它用后腿和尾巴支持身体，成为一个"三脚架"，往往一跳有 7 米远，3 米高，每小时飞跑的速度可达 48 千米以上。跳跃时摇动的尾巴像舵一样，维持身体平衡。它们的主要食物是青草、树皮、树叶和嫩枝。

袋 鼠

袋鼠的特殊之处是在它的腹部有一个皮袋，刚生下的小袋鼠只有 2 厘米长，比小手指头还细，半透明状好像一条蠕虫。小袋鼠在爬进育儿袋后就会吃奶了，它们要在育儿袋中生活 8 个月才能外出活动，但一有动静就赶紧钻进袋内。出袋后的小袋鼠，要经过 3 年左右才能长成熟。

◎ "半鸟半兽" 的鸭嘴兽

鸭嘴兽是世界上最原始的哺乳动物，属于单孔目鸭嘴兽科，是澳大利亚

鸭 嘴 兽

特有的珍稀动物，仅分布在澳洲东南和塔斯马尼亚岛上。鸭嘴兽虽然是兽，但有好多地方与爬行类或鸟类相似。它的嘴很像鸭子嘴，脚上有蹼和距，口中没有牙齿，卵生，这些特征很像鸟类；它的体温很低，并且在短时间内能上下波动好几度，这一点又很像爬行类。鸭嘴兽是游泳能手，用脚蹼当桨，尾巴当舵，尽情在水中吃小鱼、贝类、水生昆虫、甲壳动物和蠕虫。它的口腔里有一个袋状的颊囊，等到口袋里装满食物，它就返回窝中慢慢享用。

鸭嘴兽不同于其他的兽类，而和鸟类一样，是卵生的。母兽只在腹部有小孔，所以在喂奶时，只好仰卧，幼兽爬到它的腹部吸奶。这在哺乳类中是独一无二的。

◎ "沙漠之舟" ——骆驼

骆驼属于偶蹄目骆驼科。世界上只有双峰驼和单峰驼两种骆驼。我国产的是双峰驼，背脊上有前后两个像马鞍一样的驼峰。

骆驼喜欢住在灌木或荆棘丛生的牧草地，能利用荒漠半荒漠中粗糙的植物作饲料，能忍受酷热和严寒，并能在长期缺水的条件下正常生活。这是

骆 驼

因为骆驼的两座高高的分驼峰，可以储存 40 千克脂肪。而又由于它一次喝水多，能在 10 分钟内喝下 100 多升水，排水又少，夏天一天只排出一升左右尿，而且不轻易开口。所以能在沙漠中 8 天不喝水也不会干死。

广角镜

丝绸之路

丝绸之路，简称丝路，是指西汉时由张骞出使西域开辟的以长安（今西安）为起点，经甘肃、新疆，到中亚、西亚，并联结地中海各国的陆上通道（这条道路也被称为"西北丝绸之路"，以区别日后另外两条冠以"丝绸之路"名称的交通路线）。因为由这条路西运的货物中以丝绸制品的影响最大，故得此名。

骆驼之所以不怕风沙，主要是因为它的鼻子和眼睫毛。它的鼻孔里长有可以关闭的瓣膜，可以免受风沙之苦，眼睫毛又是双重的，可以确保风沙吹不进眼里。它的脚掌也很奇特，掌下生有宽厚的，像弹簧一样的肉垫，走路时脚趾在前方叉开，这样，在沙面上走路时就不会陷到沙窝里去。

骆驼被驯化得很早，我国在西汉时就用骆驼作为通向西域的交通工具。它也是在"丝绸之路"上驮运货物的动物。

◎ "活的挖掘机"——鼹鼠

鼹鼠是生活在地下的食虫类的动物，被誉为"活的挖掘机"。

鼹鼠喜欢在疏松潮湿的土壤里掘筑巢穴。它的身体前端有个尖韧的鼻子，是天生的钻洞工具；头颈又粗又短，肌肉发达，能支撑鼻子向前挖掘；嘴的周围生有长长的毛须，尾小而有力，耳朵没有外部，很

鼹　鼠

适合在狭隘的隧道里奔来奔去。由于怕土粒进到耳朵里，所以它还会关闭耳孔。它的前爪长着 5 个趾，宽扁像铁铲，挖起土来很有力；它全身生有密短柔滑的黑褐色短毛，毛尖不固定朝着某一方向，所以在隧道中行动时，不会和四壁发生摩擦。鼹鼠依靠自身的特殊构造，掘筑了四通八达的地下巢穴和隧道。鼹鼠爱吃各种昆虫的成虫、蛹和幼虫，还吃小青蛙、无毒小蛇、老鼠、小鸟、蚯蚓、蜗牛等。它一天能吃掉比自己身体还重的食物，而且只要 12 小时不吃东西，它就会饿死。

◎ 世界上最大的鹿——驼鹿

驼鹿又叫麋，属于偶蹄目鹿科。主要分布在欧亚大陆和北美大陆的北部地区，及我国的大兴安岭北部地区，已被列为我国国家二级保护动物。驼鹿身高超过 2 米，体重超过 600 千克，是世界上最大的鹿。它的腿很长，有 1.2 米，肩部向上隆起，脖子短。雄驼鹿头上长着一对分叉的大角，好像一对仙人掌；雌驼鹿不长角。无论是雌的还是雄的，脖子下都有一个肉垂，上面长有很长的毛，垂到喉下。

驼 鹿

驼鹿是水陆皆能的动物，它在池塘、湖沼中跋涉、游泳、潜水、找东西吃，行动十分轻松敏捷，一次可以游 20 千米，还能潜入 5.5 米深的水底寻找水生植物，然后升到水面呼吸和咀嚼。一边泡澡一边吃食是它最高兴的事了。在陆地上，驼鹿奔跑也极快，每小时可跑 55 千米以上。驼鹿也吃树叶。驼鹿每年 5～6 月产仔，每胎 1~2 个，小鹿随妈妈生活 1 年，3 岁时成熟。驼鹿的平均寿命约为 30 岁。

◎ "动物短跑冠军"——猎豹

猎豹是世界上奔跑最快的哺乳动物之一。它的外形像金钱豹，但略瘦小一些，它的头和身体有点像猫，4 条腿像狗，叫声像美洲豹，也会像鸟一样"唧唧"地叫。猎豹喜欢独来独往，或者公母一对出来活动。它生活在非洲大草原上的干燥地区。猎豹的短跑纪录是每小时奔跑 113 千米。猎豹一看到可

猎豹

吃的野兽，便以高速度追击猎物，只要距离不太远，被追击者即使跑得很快，也会被逮住，不过如果遇到像斑马那样的大动物时，几只猎豹会协同作战，一起把大动物杀死。

◎ 以冰雪为伴的雪豹

雪豹的外貌和大小，同金钱豹差不多，只是头小些，毛更厚更长，尾巴更粗更长。它全身淡青而略带灰色，腹部纯白，背脊中央到尾部有条淡黑色浅纹，全身缀着蔷薇花形的褐色斑点。如果它蹲伏不动，就像一块青灰色的大石头。

雪豹是我国青藏高原和帕米尔高原的特有动物，它耐寒怕热，宁愿住在高山雪地里，也不愿藏身丛林和灌木之中，夏天生活在海拔 3 000~3 500 米的高山雪地中。雪豹大都成对栖息，白天在洞中休息，早晨、黄昏和夜间出

雪 豹

前肢有 3 道宽白条纹，后肢内侧为白色，4 蹄上边也是白色。从颈部到臀部的背脊上长着一道凸起的密绒毛。

紫羚羊栖息于海拔 2 000～3 000 米的潮湿、浓密而近水的森林中，它们最活跃的时候是黎明和黄昏。它们以家庭为单位结成小群，大致由一只雄性和八只雌性组成。它们听觉灵敏，行动敏捷，受惊时能以极快的速度穿过布满藤条的密林逃遁。主要以草类为食，但也吃多种植物的嫩枝、幼芽、蔓条和叶子，并能用角掘出植物的根茎，特别喜欢吃生长在树干基部的嫩枝，喜欢把前肢搭在树干上，

来活动。主要吃盘羊、岩羊、獐子、鹿、兔、鼠等。

雪豹十分机警、狡猾，在雪地走路时，总是把长尾巴垂在地上来回摆动，用它当扫帚，消除自己在雪地里留下的脚印，以躲避猎人的追踪。

◎ 稀罕难得的紫羚羊

紫羚羊是生活在非洲中部的动物。它肩高 1.2 米，重 250 千克。全身的毛是闪光的紫褐色和赤栗色，还有 10～13 条白色细环纹，有点像斑马条纹，但比斑马的条纹细得多。

紫 羚 羊

使身体直立以取食高达 2.5 米的枝叶。也喜欢吃草木灰，从中取得盐分。

紫羚羊的相貌很怪：花脸，白鼻子，白嘴唇，头上长着两支粗大的对称内弯角，两只长椭圆形的大得出奇的耳朵，水平般左右横伸同长脸刚好成直角。

◎ 娇小的眼镜猴

眼镜猴又称跗猴，是东南亚热带和亚热带森林中的一种小猴，属于灵长目跗猴科。

眼镜猴大小如鼠，最小的身长只有 15 厘米。外形很特别，头圆耳大，嘴短而尖，眼睛又大又圆，就像戴了副大眼镜一样，所以被称为眼镜猴。眼镜猴个子虽然很小，可是一条光秃秃的尾巴的末端却长着蓬毛，拖得长长的，有身躯的两倍长。

眼镜猴

眼镜猴性情孤僻，从不合群，通常一对同栖。它常常夜里出来活动，善于跳跃，一跃能有几米远。爱吃各种甲虫、蟋蟀、螳螂、蝗虫和小爬行动物，有时也吃点果子。它的食量很大，每天能吃 100 多条蠕虫。眼镜猴的繁殖能力不强，每次只产 1 仔，刚生的小猴只有 6 厘米长。

◎ 浑身长刺的刺猬

刺猬是一种对人类有益的动物。它矮矮胖胖，长 25 厘米，眼睛小，耳朵小，嘴巴尖，腿很短，爪子尖锐而弯曲，全身都是密密的短刺。

全世界共有 17 种刺猬，我国有 6 种，生长在东北、华北和华东地区。刺

刺 猬

猬主要吃昆虫、鸟卵、蛙、小老鼠和小蛇，有时也吃毒蛇。它对付强大"敌人"的武器就是它满身的刺。当"敌人"靠近它时，它便将身体蜷缩成一团，竖起背面的刺以防御敌害的进攻。可是这一方法对狐和黄鼠狼却不奏效。因为刺猬的腹部不长刺，狐会用尖尖的嘴巴插入它的腹部，然后把刺猬高高抛到空中，当刺猬摔下地面时，它往往会松开蜷缩的身体，这时狡猾的狐就用爪子撕开它的腹部，大口大口地吃刺猬肉。至于黄鼠狼，则用"放臭屁"的方法使刺猬麻醉、瘫痪，然后美餐一顿。

◎ 卵生的针鼹

针鼹属于单孔类针鼹科，被誉为澳洲"食蚁兽"。它的外貌和刺猬非常相像，浑身布满了长短不一、中空外坚的棘刺，但这些刺并没有牢牢地长在身上，刺端尖利而且长有倒钩。针鼹的四肢短而有力，前后肢均有利爪，擅长于发掘蚁巢和穿穴；嘴很长，耳和眼很小；体色多为暗黑色，仅头部呈蓝灰色。针鼹有两个刺猬那么大，体长 53 厘米，体重 2.5 ~ 6 千克。

针 鼹

针鼹最爱食蚁，它的嘴巴又长又坚硬，可以插入蚁穴，伸出细长而充满黏液的舌头吸取蚁类。它的舌头上还有钩子，有时候也用舌钩钩食物吃。针鼹是有益动物，可以消灭树木害虫。

针鼹和它的近亲鸭嘴兽一样，都是卵生的，但是在生殖上又和鸭嘴兽不完全相同。其中有一个只有针鼹科动物独有的特性，这就是针鼹会把刚刚产下的卵送到腹部的育儿袋里。小针鼹要在育儿袋里一直生活到背上长出针刺为止。幼兽断奶后，母兽的育儿袋也就自然消失了。

◎世界上最大最重的动物——蓝鲸

蓝鲸是一种鲸类动物。蓝鲸是世界上最大、最重的动物。人们曾捉到的最大的一头蓝鲸，有 34 米长，170 吨重。相当于 30 头大象的重量。蓝鲸的一根舌头就有 3 吨重，相当于 50 个大人的重量，它的肺有 1 500 千克，血液有 8～9 吨重。如果把它竖起来的话，它就和一座 10 层楼的楼房差不多高。真是个庞然大物啊！

蓝鲸的力气极大。它一天要吃 4～5 吨的食物。就是刚出生的小蓝鲸也有 6～7 米长，7 吨重，每天吃 1 吨的奶汁。蓝鲸到 8～10 岁就成熟了。

因为蓝鲸是哺乳动物，用肺呼吸，所以每隔 10～15 分钟就要露出水面一次，从鼻孔喷出一股灼热的废气，发出一阵响亮的呼声。这股强大气流冲

蓝　鲸

出鼻孔时，就会形成 10 多米高的水柱，并把附近海水也一起卷出水面，这就是人们平时所说的"鲸鱼喷潮"。

◎长相古怪的貘

貘是生活在中美洲和南美洲的一类长相古怪的有蹄哺乳动物。它的外貌

马 来 貘

长得有点像犀牛，但比犀牛小，鼻子上没有角，尾巴非常短，短得几乎看不到。它的鼻子向前突出，还可以自由伸缩。皮肤十分厚，毛很少。前面两只脚有 4 个趾，而后面两只脚只长 3 个趾，这是一种原始的表现。

产在马来西亚、苏门答腊和泰国的马来貘，它们成年以后，身体中部呈灰白色，其余部分都是黑色，好像在黑色身体上覆盖着一块白毡，所以又叫毡貘。生下来的小貘，身体颜色和大貘完全不同，浑身深褐色，有许多黄色的条纹和斑点。

奇特的动物技能

　　各种动物凭借什么在自己的世界里占有一席之地呢？它们都有一身千锤百炼的绝活，现在就让你见识见识吧！能发射或接收电磁波的蝙蝠，导航本领最强的加利福尼亚灰鲸，非洲竟然有一种用脚饮水的怪牛，还有不长口和肠子的动物，世界上还有讲文明礼貌的动物。它们的本领还不止这些呢，看看它们还有没有令你瞠目结舌的绝技吧！

▶ 能发射或接收电磁波的动物

动物界能发射电磁波的动物并不少见，其中最著名的要算是蝙蝠了。蝙蝠不仅能发射电磁波，还能接收电磁波。

裸背鳗是一种很奇怪的鱼，当它钻进河底的洞穴前，总是先将尾部伸进去探索一番，然后再把整个身体钻进去，原来它的尾部有雷达。

凶恶的鲨鱼，虽然不能主动发射电磁波，但它身上却有几百个"电磁波感受器"，能感受周围物体的电磁场。

拓展阅读

雷 达

雷达是利用电磁波探测目标的电子设备。发射电磁波对目标进行照射并接收其回波，由此获得目标至电磁波发射点的距离、距离变化率（径向速度）、方位、高度等信息。各种雷达的具体用途和结构不尽相同，但基本形式是一致的，包括发射机、发射天线、接收机、接收天线、处理部分以及显示器，还有电源设备、数据录取设备、抗干扰设备等辅助设备。

知识小链接

电 磁 波

电磁波，又称电磁辐射，是由同相振荡且互相垂直的电场与磁场在空间中以波的形式传递能量和动能，其传播方向垂直于电场与磁场构成的平面。

📢 会换冬装的动物

在寒冷地区生活的动物，为了适应环境，每到冬季，它们便换上了冬装。我国东北大森林中的雪兔，夏季时毛色棕红略有褐色的波纹，但到冬天，它全身绒毛就变成雪白的了。欧洲北部的雪貂、西伯利亚的松鼠、北美哈德逊湾的旅鼠，每到冬季毛色也都变白了。

雪 兔

动物冬季换毛，是在长期进化过程中形成的一种适应性能，因为冬季毛色深的小动物，容易被发现而遭到伤害，换成浅色体毛的动物在冰天雪地里活动时，则容易躲避敌害。这是动物在漫长的生存斗争中，形成的更换"白色冬装"的遗传习性。

📢 善于节约能量的动物

动物在与自然界的生存斗争中，经常会面临饥饿、干渴以及环境变化的威胁，所以减少体内能量的消耗，便显得十分重要。

蛇的耐饿本领十分惊人，因为它有一套独特的节能方法。蛇是一种变温动物，比恒温动物消耗能量要少得多。拿大蟒蛇和猪相比，它们每天能量消耗的比值是 1：150。因为消耗少，所以蛇冬眠时其体重只不过减轻 2% 左右。骆驼的耐渴能力是很惊人的，它除在体内存贮大量水外，必要时还可将体内脂肪转化成水使用，加上它很少出汗和排尿，因此，即使长时间不喝水，它也能正常生活。

基本小知识

脂　肪

脂类是油、脂肪、类脂的总称。食物中的油脂主要是油和脂肪，一般把在常温下是液体的称为油，而把在常温下是固体的称为脂肪。脂肪所含的化学元素主要是 C、H、O，部分还含有 N、P 等元素。脂肪是由甘油和脂肪酸组成的三酰甘油酯，其中甘油的分子比较简单，而脂肪酸的种类和长短却不相同。脂肪酸分三大类：饱和脂肪酸、单不饱和脂肪酸、多不饱和脂肪酸。

有一种金行鸟，每年春秋迁徙时，它不吃不睡，一口气飞行 4 000 多千米，但体重只减轻 0.06 千克；蝎子能饿 9 个月而体重却丝毫不减；在北美的一个石油矿中，人们发现已休眠了许多年的活青蛙，其节约能量和利用能量的奥秘，至今还是令人费解的生命之谜。

不长口和肠子的动物

生物学家阿捷米·伊凡诺夫曾发现一门新动物，它是一种海栖动物，不属于过去已知的任何一个门，而且具有一系列其他门动物所没有的特点。

这类动物最大的特点，就是没有口和肠子。在其细长的线状身体的前部，有一些"络腮胡子"似的触手，这种触手多至 230 个，它利用这些触手来摄取、消化和吸收食物。它们没有脊椎，但具有由心脏到血管构成的复杂的循环系统。

它们生活在海平面以下 2 000～10 000 米的远东深海里，现已被发现的有40 多种。许多生物学家认为：地球上的高等动物，包括脊椎动物，都是起源于这门动物的。

触　手

触手存在于多数低等动物身体前端或口周围等处，是能自由伸屈的突起物的总称，是一种生物体上的器官，或称触须、触角。常见于软体动物，通常是复数，从数根到无法计量数目的蠕动、柔软、细长的器官。大多用作传感外界环境变化，但触手也可用来摄取物体。

▶ 能预测下雨的动物

许多动物对天气变化的感觉很灵敏，所以古人经过长期观察，总结出"燕子低飞蛇过道，滂沱大雨即来到"等谚语。

在下雨前，由于天气闷热，气压下降，空气湿度大，许多动物会感到气闷。这时，昆虫一般都飞

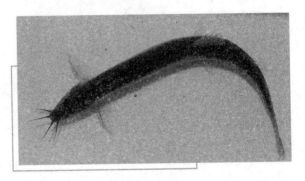

能预测晴雨的泥鳅

不高，燕子也就擦地而飞，捕捉小虫吃。而蛇在洞中于下雨前也会感到闷热不舒服，便出洞到空旷通畅的地方透气。蜜蜂在大雨即将来临时，也都提前飞回蜂巢避雨。泥鳅在水底因呼吸困难，便浮到水面上，甚至还不时跃出水面。蚂蚁在洞里感到气闷，便挖大巢穴，甚至集群搬到地势较高的地方。青蛙也因气闷难忍，跳出水面到陆上来活动，还会不停地"呱呱"乱叫。蜘蛛因空气湿度太大，不能张网捕食，便躲到树枝上或墙角去休

息。连牛羊在大雨前的晚上也不愿回圈，白天更不爱活动，而是一个劲地低头啃草，以防雨天饿肚子。当人们看见这些动物的反常现象时，便预感将要下雨了。

讲文明礼貌的动物

据生物学家观察和研究，世界上有不少动物也讲文明礼貌。

猴子在吃食时，总是先让猴王和老猴吃饱后，再分而食之；非洲有一种

寒鸦

羚羊，它们休息时，如果有老羚羊在场，其余羚羊都不会先躺下，偶尔有不懂事的小羚羊躺下来，大羚羊也会把它叫起来；美洲沙漠地带有一种蜜蚁，当它找到蜜源饱餐后，如果遇到没有吃上食物的同类，它们就主动从口中吐出蜜汁让同类吃；在热带森林里有一种鹦鹉，不仅同类相亲相爱，而且还很好客，当它们在林中聚餐时，如果其他鹦鹉或小鸟从上空飞过，它们就热情高歌，并邀请客人共享佳肴；寒鸦尊老爱幼的美德是人所共知的，当它们发现食物时，总是先让年老有病的老鸦吃，然后再让幼鸦吃，并有壮鸦在旁边照料老鸦和幼鸦。

🔷 遵守纪律的动物

　　有许多动物是很遵守群体纪律与秩序的，其中众所周知的一种是大雁。其实黄蜂和沙丁鱼也是遵守纪律的典范。

　　据实验证明，黄蜂在蜂窝外边的狭窄通道上行动时，一律是靠左侧行走，从不发生任何冲突。当遇到负重的同伴时，不负重的黄蜂便会主动让出道，让负重的同伴先行。

　　海洋里的沙丁鱼，不仅有遵守纪律的好品行，还有敬老爱幼、互助互让的美德。它们成群地在狭路上前进时，总是自觉地排成整齐的队伍。如鱼群中混入了别的鱼类，它们便彬彬有礼地把下层让给别的鱼类，自己在上层列队前进。在长途行进时，年龄小的鱼在水的下层列

飞翔的大雁

队，年龄大的则在水的上层列队保护，并且鱼与鱼之间的距离基本相等，而不是挤成一团或乱游乱闯，它们纪律严明、秩序井然。

导航本领最强的动物

世界上导航本领最强的动物，是生活在海洋中的加利福尼亚灰鲸，它在海洋中可远游几万千米而不迷航。靠自身的天然雷达的引导，它每年从北冰洋到墨西哥湾作一次 17 600 千米的巡回"旅行"后，仍然能准确地返回其故乡北冰洋，而且从来没有发生过走错路或迷失方向的情况。其导航能力比现代化轮船上最先进的导航仪器还要强得多，真是令人吃惊而又叹服。

灰　鲸

会用钞票购物的大象

许多人只知道大象温顺笨拙，但事实并非仅仅如此，大象有时也会发脾气，而且还会向人要钞票，用钞票购物哩！

斯里兰卡的大象，当它为主人劳动一天，雇主付工资给管象人时，它也伸着鼻子要求给分杯羹。如果管象人不给它，它就发脾气"罢工"，不肯再劳动，而且站在那里一动不动，任你推打，甚至用针刺它它也不理睬你，真叫人无计可施，结果管象人只好分给它一点钞票，它就把钞票卷起来塞在耳朵里，等休息时，便走到香蕉摊去买香蕉吃。有时钞票多了花不完时，它还会藏到树缝里存起来等以后再用。据说它藏钞票的地方，人是很难找到的。

斯里兰卡的大象

◑▶ 用脚饮水的怪牛

牛是大家熟悉的家畜，也是一种大型反刍类哺乳动物，是人们所熟悉的动物。

基本小知识

反刍动物

反刍动物采食一般比较匆忙，特别是粗饲料，大部分未经充分咀嚼就吞咽进入瘤胃，经过瘤胃浸泡和软化一段时间后，食物经逆呕重新回到口腔，经过再咀嚼再次混入唾液并再吞咽进入瘤胃。

但在非洲却有一种名叫"非罗隆多特"的牛，其形状与生活习性和普通的牛并无区别，但令人惊奇的是这种牛的生理构造却与普通牛大不一样。它饮水时并不是和许多动物一样用嘴巴进行，而是以四只脚代替。原来其四肢靠近蹄端的地方，长有一个气囊，上有管道直通胃部，当它饮水时，只要在水中站立几分钟，就可以把大量的水，通过气囊和管道吸进胃里去。

巧捕毒蛇的山羊

在我国云南省的大山里，生活着一种长有 1 米以上的毒蛇。它凶猛暴烈，连骡、马、牛也会被它咬死，但这里的山羊却专爱捕食这种蛇。当山羊遇到这种蛇时，它便勇敢地冲上去，用铁锤般的前蹄把蛇踩死，然后吃掉。如遇大蛇时，它会吸引蛇把自己缠住，然后吐气缩小肚子，等到蛇越缠越紧时，羊则使劲鼓气，接着猛地一挣，把蛇的骨节拉脱，甚至拉成数截，蛇便成了羊的美食。

可当蜡烛点的山鼠

在西班牙的斐加特山区，生活着一种褐黄色的短尾巴山鼠，它比一般家鼠要大，以植物的果茎和粮食为食，其腹部生长着一个比鸡蛋略小的油腺囊，分泌储存一种透明无味的油液，当缺食或冬眠时，这种油液可以供应身体营养的需要。

当地居民捕捉到这种鼠后，抽去油腺囊里的油液，掏尽它的内脏，将鼠体晒干或烘干后，用铁棒从鼠口插入，把抽出的油液再灌入鼠肚里，然后穿上灯捻，再将鼠口缝合，制成鼠烛，用以照明，光线明亮而无怪味，每支可燃烧三四个小时。

◤ 能在沸水中生活的鼠

希腊有一处热泉，泉水温度高达 90℃，在这样滚烫的泉水里，不管任何动植物都不能生长或活动。

但奇怪的是有一种不怕水烫的水老鼠，竟能生活在这水中，而且还快乐自在，兴高采烈地在水中活动与戏耍。如果把它们从沸水中逮出来，放到一般常温的泉水里，它们反而会迅速死亡，故人们将它们取名叫烫鼠。

许多国家的动物园把这种烫鼠用暖水袋运走，放养在沸水里供人们欣赏。

◤ 巧用工具的海獭

动物界中会使用工具的，首推类人猿。但在海洋中有一种哺乳动物海獭，在使用工具上，并不比类人猿逊色。

海獭和狗一般大小，头小尾长，身躯肥大，脚大而扁平呈鳍状。它在潜水觅食时，一旦发现鲍鱼，就用小巧的前肢，从海底拣起石头，猛力而准确地将鲍鱼打死，然后将其挟于前肢下，仰浮到水面上，把胸部当饭桌，以石头当砧头，用前肢挟紧鲍鱼，使劲向石头上砸，并

海　獭

不时翻看是否砸碎，等到壳碎肉出，才一口口吃掉。据观察，海獭捕捉鲍鱼的本领很高，一个半小时内即可捕获鲍鱼 50 多只，在石头上要砸 2 237 次，才能砸碎吃掉这些鲍鱼。

拦路抢食的强盗鸟

在我国西沙群岛上，有一种异常凶猛的鸟类，人们叫它"强盗鸟"。它的嘴带有锋利的钩，飞行本领也很高强。它自己从来不去寻食，而是专门"拦路抢劫"。当它发现白鲣鸟嘴里叼着鱼时，便猛扑过去，啄白鲣鸟的头部，白鲣鸟疼痛难忍，嘴巴一松，鱼便从嘴里掉了下来。此时，强盗鸟便闪

强　盗　鸟

电般俯冲下去，在空中把鱼接住。如果白鲣鸟不松嘴，它就会啄住白鲣鸟不放，直到把它啄死为止。所以它是白鲣鸟最凶恶的天敌。

不会啄木的啄木鸟

啄木鸟一向具有森林"医生"之美称，它专门以捕食危害森林的害虫为生，但你可知道，世界上还有不会啄木捕虫的啄木鸟呢？

在日本北海道小秋田县的密林中，栖息着一种奇异的啄木鸟，它和其他

啄木鸟一样，长着长而尖的嘴巴以及拥有平行于树干而停立的独特技巧，但它主要是吃地面上的蚂蚁，偶尔才用长嘴掘开蚁巢，饱餐一顿。

这种啄木鸟营巢也很特别，喜欢在高而笔直的树干里面筑巢、"生儿育女"。它的坚硬的嘴和锐利的爪就是挖树洞做巢时用的。这种啄木鸟非常爱清洁，营巢时喜欢挑选光线明亮的地方，育雏时，每天要把雏鸟排出的粪便衔送到很远的地方。其婚配模式是"一夫一妻"制。育雏时，由雌鸟寻食喂养，雄鸟则在巢边周围担任警戒，以防敌害侵犯。

◑▶ 吃铁的鸟

世界上有不少鸟类和家禽因为消化硬质食物的需要，经常习惯吞食一些砂粒石子，这是人们司空见惯的现象。

在沙特阿拉伯北部的森林里，却生长着一种能吃铁的怪鸟。它长着尖尖的头，圆圆的身，黑亮的羽毛，叫声很难听。这种鸟特别爱吃铁制品，如铁钉、铁屑、小铁块、小铁球。据说有一次，一个铁匠背着一袋小铁钉在树下睡觉，当他醒来时发现袋里的小铁钉少了一半，经查找，在树林深处发现一群小鸟正在争食着一些小铁钉。据科学家解剖分析，这种能吃铁的鸟，其胃液里盐酸的含量特别多，所以能将金属腐蚀溶解掉。而且由于身体的需要，必须经常找铁质的东西吃。

◑▶ 能制香素的乌龟

防止食物腐烂的最好办法，是放在电冰箱里，但电冰箱价格很贵。在非洲有些农村里，农民家中却都有一个不花钱的"冰箱"。

在非洲尼日尔阿德拉东部的喀道牧村，生长着一种褐黄色的乌龟，它和普通乌龟一样。但奇异的是它头顶上有一个香腺，沿着颈部伸出一组细小的香腺管，一直通往甲壳下的许多香胞里。这些香胞每天能制造出 0.3 克的香素，这种香素味道极为浓郁，有强大的杀灭霉菌能力。食物柜里有了这种香素，可使食物不变质。当地居民在食物柜里都放着这种乌龟。它的正式学名叫"散香龟"。人们称它是"食物的防腐者"或"廉价冰箱"。

▶ 会钓鱼的泥龟

乌龟的种类很多，大多数都是又笨又难看，行动时更是迟钝缓慢，但谁会知道它却有许多特长与本领。

在河沟的泥沼里，常常可以看见一种泥龟，背上积满了污泥和绿藻，但是它却有一套巧妙的钓鱼的本领。它把身体躲藏在污泥中，长长的舌头伸到水里，舌头上长有一根细丝一样的东西，随着水流缓慢地蠕动，看起来好像一条小虫，当小鱼游来吞食这个"小虫"时，泥龟就马上把舌头一缩，小鱼便被它吞食进口里了。

▶ 会飞的蜥蜴

飞蜥，俗称飞蛇或飞龙，多生活在非洲、欧洲东南部和印度中部多岩石的荒漠地区。它身体细长，尾巴的长度几乎和躯体的长度相等，样子有点像壁虎，只有手掌那么大。有趣的是，飞蜥身上左右各长有一块皮膜，当这褶叠式的皮膜张开时，简直就像飞鸟的翅膀。飞蜥就凭借这对"翅膀"在树林中自由自在地飞翔。飞蜥从树上起跳，可以滑翔近 50 米，当它平稳地落地时，翅膀便一下子消失了，就像从未出现过一样。原来，它的"翅膀"是有弹性的，并固定在肋骨上，当肋骨合拢时，"翅膀"也就不见了。

飞　蜥

飞蜥大部分时间栖息于树干上，身上的皮肤与树枝同色，所以昆虫不易发现它。一旦昆虫从它旁边飞过，飞蜥便张开皮膜，疾驰上去吃掉它们，整个动作干脆利落。当它遇到敌害时，飞蜥的"翅膀"会时张时合，用闪光吓唬对方。

知识小链接

皮　膜

皮膜又称皮膜系统，是被覆在人和动物体外直接与外界相接触的皮肤（或被膜）及其附属结构，是毛、羽、鳞片、角皮、腺体等的总称。

罕见的带电的蛇

在南美洲巴西亚马逊河三角洲的河流和岸边，栖息着一种罕见的带电的蛇。据测定：这种蛇身上带的电压足有 650 伏特，比我们常用的电器的电压 220 伏特要高 2 倍多。任何动物接触到它，轻则被击倒，重则可能丧命，故当地渔民在河里进行作业时，必须时时提高警惕以保安全。

会撒银粉的蛇

在马达加斯加岛上，有一种蛇，既不咬人，也不怕人，常在路上来来往往爬行。

这种蛇有一个很特别的地方，就是它身上能撒出银白色的粉末来，凡是它经过之处，就会留下一条银白色的痕迹。

它撒出的粉末，并不是从它身体里边撒出来的，而是它脱的皮干了后变成的。因为撒粉蛇健忘，一离窝远了，就找不到回去的路，所以，它总是一边走一边撒粉末，作为回家的标志。如果路上的粉末没有了，它就跟着另一条蛇到别的窝里去住宿，因为它从来也不在露天睡觉的。

世界上最毒的蛙

在南美哥伦比亚的崔柯地区生活着一种箭毒蛙，它是世界上最毒的动物之一。其身躯很小，只有两个手指那么大，四肢满布着鳞纹，颜色鲜丽可爱。它的皮肤内藏着许多腺体，能分泌出一种叫蛙毒的毒液。据实验，这种巨毒的 1/100000 克就能毒死 1 个人，1/5000000

箭 毒 蛙

克就可毒死 1 只老鼠。当地一些居民曾用这种蛙毒涂在箭头上制成毒箭，用以猎捕野兽或对付敌人。当猎物中了这种毒箭，便会立刻死亡。这是一种很厉害的武器。

经研究发现，箭毒蛙的毒液能破坏神经系统的正常活动，阻碍动物体内的离子交换，使神经细胞膜成为神经脉冲的不良导体，影响神经中枢发号施令和指挥各个组织器官活动，最终导致心脏停止跳动然后死亡。

拓展阅读

神经脉冲

神经脉冲其实是一些电子讯息，作用是让我们在受了外界刺激后能作出反应。当我们受到刺激时，受体会发送神经脉冲，神经脉冲会经由神经元传到脊髓之后到大脑，经过大脑分析后会发送一些神经脉冲到我们的肌肉让我们能作出相应反应。

▶ 会弹琴的蛙

在我国风景秀丽的四川省峨嵋山里有一种珍奇的蛙，人们称它为"弹琴蛙"。它比一般青蛙体型略小，全身呈灰黑色，腿上有麻斑，背部有一灰白色波状条纹，喜欢群居，爱在水边觅食害虫。

每当盛夏，它在草滩上的水草间，用泥巴建成一个小罐子，在上边开一个圆形小洞，钻进里边鸣叫，发出如鼓如瑟、音调十分悦耳的鸣声，这便是

会弹琴的蛙

弹琴蛙自己制作的"共鸣箱"。当它离开共鸣箱后，鸣声就不一样了。如果有一只蛙声音很大地鸣叫一声，周围的蛙便一齐跟着叫起来，过一会儿，又有一只大叫一声，群蛙共鸣戛然而止，如此重复不断，就好像乐队按指挥的手势在有节奏地演奏歌曲一样。

能吃鸟的虾

在印度尼西亚的加里曼丹岛上，有一种生活在树上的奇怪的巨虾，其外形和普通的虾一样，但体型却大得多，长达 1.5 米以上，当地居民称之为"巨虾"，它也是世界上最大的虾。

它能在水中生活，但却很少到水中去，既不吃水草，也不吃小鱼虾，而是每天悄悄在树干上躲藏着，捕捉小鸟为食。当一些小鸟落在树枝上时，它便突然袭击，饱餐一顿，然后就又伏在树枝上躲着不动。

生活在水中的虾，一般都没有鲜红色的血液，而这种虾，当用刀砍伤它的甲壳时，就会流出鲜红色的血来。

能自动调节视力的鱼

在东南亚一带的浅海中，生活着一种奇特的鱼，它头小身大，身体有黑色斑点，除具有能使身体随时膨大的本领外，还有一双像透视镜一样的眼睛。

一般的鱼在强光照射下就看不到周围的景物。但这种鱼却可以通过调节视力来适应强光，达到看清景物的目的。当周围的光线暗下来时，它又可以通过调节这种本能来增强自己的视力。

◖ 会钓鱼的鱼

在离海面约 1 600 米深的海洋深处，生活着一种奇异的会钓鱼的鱼，它极难捕捉，身长只有 10 厘米，全身漆黑，从头到尾长满尖刺。有趣的是在它的前额上，有一根细长的圆筒，圆筒的尖端上有一条更细的"绳子"，长度和圆筒相等，在绳的末梢又长有一套复杂完备的天然工具：3 只鱼钩形的角质爪，每一只爪下又配备着一盏黄色的"探照灯"，以引诱鱼类。这套巧妙的专门用来钓鱼的"钓竿设备"，完全依靠体内 6 条基举肌肉来控制。它的钓鱼本领娴熟而敏捷，每天可钓到数十条小鱼。它的牙齿长在嘴唇上，可以随嘴唇向上、向外翻动。它一旦把小鱼吃进口中便马上咬紧牙关，小鱼便很难溜掉。

它的钓竿也是防身武器，当遇到敌害时，它能在瞬间把钓竿向前一挺，爪上的"探照灯"猛然向对方射出光芒，乘敌人惊吓之际，它就迅速地逃之夭夭了。

◖ 体温比水温高的鱼

众所周知，鱼类是变温动物，其体温可随着水温变化而变化，但有些鱼类，如鲔鱼、青鲛鱼等，它们的体温比水温高。科学家对这种奇异现象进行了研究，发现这些鱼在海洋中洄游距离长，游动速度快。由于活动剧烈，体内产生的热量多，这是其体温比水温高的一个原因。另外这些鱼类体内的循环系统结构也比较特殊。在一般鱼类体内，热量主要由静脉血输送到鳃去散热，而鲔鱼等体内的热量却是在静脉血中吸收。它们体内有流动冷血的动脉网和流动温血的静脉网，当温血流到鳃之前，热量被吸收到鱼的全身，而身体肌肉保存的热量比较多，从鳃散失的热量则比较少，所以它们的体温就能比水温高。

基本小知识

静 脉 血

　　静脉血通常指的是在体循环的静脉中流动的血液，即大循环中静脉中流动的血液以及在肺循环中右心房到肺动脉中的血液。

能站着游动的鱼

　　在我国南海，有一种会站着游动的鱼，它游起来头朝上，尾巴向下，挺着肚子，就像站着走路那样，姿态十分优美，它就是有名的"甲香鱼"。

　　这种鱼长 10～17 厘米，像一把长刀，全身披甲，只露出运动的工具——鳍。它鳍的位置长得也很特别，第一背鳍长在尾端，不能运动；第二背鳍位于第一背鳍的下边，又易让人误以为是臀鳍，而臀鳍却在尾鳍的前方，这样就很像虾的尾鳍，所以它又叫"小虾鱼"。更为有趣的是：它体薄透明，形态又很美，有些人喜欢将它晒干压平作书签用，还美其名曰"书签鱼"。

　　由于它的运动方式与众不同，故在科学上被列为鱼类特殊运动的典型代表。

📷 会施用 "苦肉计" 的鱼

海蟹，披坚执锐，扬着两把剪刀般的大螯，在水族世界里到处横行霸道。但强中自有强中手，在海洋里就有一些喜爱吃蟹的鱼，海鲶就是其中之一。

海鲶喜食蟹膏，它常到蟹洞口去 "百般挑衅"，逼得洞主人怒而出战。它的战术是先施用 "苦肉计"，忍痛让膏蟹钳住自己的尾

海　鲶

巴，当蟹的大螯被牵制住不能回击的刹那间，海鲶便猛回头吸住蟹口，用全力吮吸蟹膏，不一会工夫蟹膏被吸尽而蟹也死了，海鲶填饱肚子扬长而去。

📷 不怕热水烫的鱼

鱼儿能在热水里生活，这是从来没有听过的奇事，但却真有这种鱼。

在马达加斯加首都塔那那利佛东部地区的温泉带，有许多小溪和地下水互相贯通，它们一直延伸到高原的沼泽地带，这里水温高达 70℃，水底不断升起一串串热水泡，在热水里竟有一种浅黑色的小鱼在自由地嬉游。这种鱼样子有点像南美洲的鲑鱼，但皮喙极厚。

1936 年法国旅行家安让·季甫，在千岛群岛中伊图普鲁岛的一个小岛上，看到一条小河里浮着 4 条僵硬的死鱼，捡回后放到锅里准备煮熟吃，不料水快烧开时，死鱼竟在热气沸腾的水里安然自在地畅游起来了。

原来这里是个火山口，火山爆发后使附近的湖泊变成了热水湖，湖中幸存下来的鱼经年长日久，逐渐适应了 63.4℃ 的酷热环境，并养成了不怕热、耐高温的习性，当它们游到低温的小河里，反而会被冻僵，但并没有死去，当一遇到适宜温度时便又活动起来了。

▶ 能捕鸟的蜘蛛

在西印度的香蕉林里，有一种奇异而凶猛的蜘蛛，名叫食鸟蛛。它身长可达 20 厘米，大小像拳头一般，全身长满红毛。当它受到敌人攻击时，便用自己的脚急速地摩擦腹部的红毛，于是许多红毛在它周围乱飞，迷住了敌人的眼睛，它便乘机逃走。

能捕鸟的毒蜘蛛

这种蜘蛛是以鸟为主食的，它在香蕉林里挂满一张张非常坚实的大网，当爱唱善跳的燕雀、金丝雀等小鸟碰到网上时，便被网丝紧紧地粘住，这时它就迅速地赶来，先分泌一种毒液把猎物毒死然后美餐一顿。这种凶猛的蜘蛛除吃小鸟外，还捕食青蛙、蜥蜴、小蛇等动物。如果人被它咬伤了，也会感到疼痛难忍，甚至中毒而死。它是世界上体重最重、寿命最长的蜘蛛，一般可活 30 年。

◨ 合作吃人的斑蛛

在拉丁美洲亚马孙河流域的森林和沼泽里生活着一种"黑寡妇蜘蛛"，也叫"斑蛛"。它身披黑色有少量灰黄色的刚毛，带有人字形重叠斑纹，步足长而粗壮，善于奔走。其上颚内长有毒腺，当它遇到人畜时，立即跃起螫伤对方，使受害者运动神经中枢很快中毒发生麻痹而死亡。它被称为拉丁美洲节肢动物中的一霸。

黑寡妇蜘蛛

黑寡妇蜘蛛经常躲藏在一种叫"日轮花"的植物丛下，这种花生得细小艳丽，花形似日轮，香味诱人，叶子足有 30 多厘米长。由于其味色俱佳而诱人喜爱。当人们一接触到它的花和叶片时，其叶片会马上卷过来把人拖倒。这时黑寡妇蜘蛛便迅速地赶过来将人毒死而吃掉。

在生物界，共生现象是存在的，但多见于两种植物或两种动物之间，然而在植物和动物之间出现这种共生现象的并不多，特别是彼此合作吃人的共生现象更是罕见的怪事。

知识小链接

共生现象

在生物界，不仅存在着环环相扣的食物链，而且也存在动物之间的相互依存、互惠互利的共生现象。共生又叫互利共生，是两种生物彼此互利地生存在一起，缺此失彼都不能生存的一类种间关系，是生物之间相互关系的高度发展。

不怕水淹火烧的蚂蚁

在南美洲原始森林里，有一种凶猛的蚂蚁，它对水、火都不畏惧。当它渡河时，几百万、几千万只聚集成一个大球滚入水中，靠河水的浮动登上彼岸，附在球蚁表面的蚂蚁被淹死了，但大部分却保留下来继续前进。在森林边，当猎人架起篝火烤兽肉吃时，这种蚂蚁也会闻香结队而来，它们一群群地扑向篝火，前面的烧死了，后面的继续跟上来，结果火被蚂蚁用尸体压灭，兽肉被未死的大群蚂蚁吃光，留下一堆白色的骨头。

能酿蜜的蚂蚁

人们只知道蜜蜂会酿蜜，但谁会相信有一种蚂蚁也能够酿蜜。

在非洲的博茨瓦纳格利蓬村，有个儿童曾发现过一种能酿蜜的蚂蚁。它的躯体要比非洲的普通蚂蚁大三四倍。经研究，其酿蜜的方法并不是以采花粉为原料，而是把食物中含有淀粉的部分，经过躯体内的酿蜜器加工后，酿成了蜜糖，味道和葡萄糖相似。当地人们称这种会酿蜜的蚂蚁为"甜蜜的巧匠"。

吃石油的苍蝇

苍蝇喜爱在腐败物上摄食，这是人所共知的，可是美洲有一种苍蝇，却爱吃石油。这种奇异现象，引起了科学家们的兴趣。经研究，科学家们发现这种苍蝇的肠道里有一种特殊的细菌，它能从石油的含蜡物质中取得需要的营养。由于它有这种特殊功能，科学家便利用这种细菌，对石油进行发酵脱蜡，从而提高石油的质量。

◑▶ 能听懂音乐的蚊虫

夏秋季节的傍晚或凌晨，是蚊虫最活跃的时刻。如果这时你站在蚊虫聚集的地方，唱一支小曲，便会发现，当唱"1"（多）的长音节时，就会有许多蚊虫被你招来，甚至飞到你的口中；但当你唱"4"（法）的长音节时，它们又会悄然远远离去。虽然做过多次实验，但其奥秘仍未完全揭开。

由于蚊虫爱听"1"的音节，厌恶"4"的音节，科学家们便利用蚊虫这一有趣的特性，制造了许多型号的扬声触杀器，引诱蚊虫聚而灭之。

◑▶ 会喷火的甲虫

在拉丁美洲的热带丛林里，生活着一种仅有 1 厘米大小的小甲虫，绰号叫"夜行"。

这种世界上稀有的小昆虫，生有非常奇特的性能。当遇到"敌人"时，它可从口腔里喷出一种有香味的液体，而且这种液体喷出后还会发出爆炸声，如果喷溅到人的手上，手就会被烫伤。这是它用以防御和自卫的武器。

经科学家对这种自然火焰喷射器的多次研究后，发现在这种甲虫的胃里有 3 个小室，第一个小室里存有对苯二酚，第二个小室里则有过氧化氢，而第三个小室则能使上述两种物质很快地与具有极强氧化能力的有机催化剂混合。当遇到"敌人"进攻时，它通过肌肉瓣的敏捷动作，从第三小室中喷出蒸汽状的混合物，其温度竟达 100℃，并发出"噼里啪啦"的爆炸声把敌人烫伤或吓跑。

会送礼求婚的昆虫

动物间的婚恋生活，是很有趣味、多种多样的，如歌舞、打扮、温情、引诱、强制等，但谁能知道，竟还有送礼求婚的呢！

有一种叫牛虻的食肉昆虫，追求对象比较讲礼节。它的雄性前足跗节很大，可分泌出丝来。它在求婚前，先捕捉一个小虫，用丝精致地包装成一个茧包，作为送给对象的定情礼物。如果雌虫对礼物感兴趣，就跟随雄虫一起飞行。在飞行中，双双完成交尾后，雄性留下礼物飞走，雌性便撕开茧包美餐一顿。不

牛　虻

过有些雄虫则不那么讲究，只是送一个不带茧包的小虫，甚至还有个别骗子，引诱雌虫与它交尾后，只送给雌虫一个没有虫子的空茧包。

能钻透金属板的昆虫

昆虫个体都很小，其嘴吻既无坚利的牙齿，又无强劲的力量，但谁能相信有一些昆虫却能钻透相当厚的软金属板。

据科学家们实验，把一只胡蜂装在一个43毫米厚的铅质匣子里，过了不久，胡蜂就啃穿了匣壁而逃之夭夭。有些甲虫啃穿金属的本领比胡蜂还要大。一些自来水管上出现了许多小窟窿，经观察，人们找到了罪魁祸首，原来是

胡　蜂

一种属于鲣榜科的甲虫，其体长仅有 8 毫米。科学家把它装入一个 0.2 毫米厚的金属盖子的玻璃瓶子里进行观察，发现它能用颚把金属盖子啃成一粒粒很小的金属屑，经过 6 小时便啃穿了这个盖子面溜之大吉。如果在瓶子里装上几个这样的甲虫，它们还会集体行动，轮流着啃一个洞溜走。

当然金属的硬度不同，昆虫啃孔的速度也有很大差异。如果把它们装在一些硬度较大的金属匣子，如黄铜和铝的匣子里，它们似乎知道对付不了，也就乖乖地过着囚禁生活了。

▶ 敢与鲸鱼搏斗的大章鱼

章鱼具有特殊防御工具——墨囊。当遇到"敌人"时，便把墨囊里的墨汁喷射出来染黑周围海水，使敌人找不到它而得以迅速逃走。其墨汁里还含有毒素，可使敌人中毒，因此墨汁也是一种进攻的武器。而它长有的强有力的 4 对触手，更是摄取食物和缠绕住敌人，并使之窒息而死的有力武器。

深海里的大章鱼

据说在大西洋的纽芬兰岛附近曾发现一种大章鱼，体长约 18 米，触手伸开竟有 11 米长，体重达 30 吨左右。渔民们曾看见过它和鲸鱼拼死搏斗的场面，鲸鱼被它长而有力的触手紧紧缠住，直至鼻孔被堵窒息致死。有的捕鲸者也常发现一些鲸鱼的嘴角和唇边带有伤痕，这是与大章鱼进行搏斗的印记。这两种巨型海洋动物一旦在海洋中相遇，就必然发生恶战，往往两败俱伤。

◆ 能吃掉岛屿的海星

在茫茫的大海里遍布着许多美丽的珊瑚岛，它是由一种极小的珊瑚虫骨骼逐渐石化后形成的，可是这些坚硬的珊瑚岛有时却大面积倒塌或毁灭。这是谁在搞破坏呢？

你知道吗

珊 瑚 虫

珊瑚虫，珊瑚纲中多类生物的统称，身体呈圆筒状，有八个或八个以上的触手，触手中央有口，多群居，结合成一个群体，形状像树枝，骨骼叫珊瑚。珊瑚虫种类很多，是海底花园的建设者之一，它的建筑材料是外胚层的细胞所分泌的石灰质物质，建造的各种各样美丽的建筑物则是珊瑚虫身体的组成部分——外骨骼。

原来，在珊瑚虫生活的水域里，还生活着另一种小动物——荆冠海星。它直径不过 60 厘米，有 15 ~ 21 个口腕。它们专以珊瑚虫为食，1 个荆冠海星 1 个月就能吃掉 1 立方米的珊瑚虫，当它生长泛滥时，珊瑚礁便遭到厄运。现在世界上已有 10% 左右的著名大珊瑚环礁被它毁灭，有的面积竟达 250 平方千米以上。其中关岛自 1967 年以来已被这种海星吃掉了 93%，岛围缩小了 38 千米。目前科学家们正在研究采取有效办法来抑制荆冠海星，以挽救珊瑚岛的安全。

动物世界未解之谜

　　人类虽然是最高级的哺乳动物，但是我们的智慧并不能揭开所有的自然之谜，包括动物世界里的未解之谜。听说过下面这些事吗？犬类也有心灵感应。海豚为什么会搭救遇难的船员？大象为什么有那么强的复仇心？动物真的能识别数字吗？壁虎的尾巴断了可以再生，有些动物还能雌雄互变，鲸鱼竟然会集体自杀。动物世界里还有很多这样的未解之谜，只有等待你们去揭开这些秘密了。

动物的心灵感应之谜

　　动物和人一样，也具有超常感本能，它们也能够预感危险，这就是它们的心灵感应。

　　在美国，有只两岁的英格兰血统牧羊犬博比，它的主人名叫布雷诺，家住美国俄勒冈州。1923 年 8 月，布雷诺带着小狗博比从俄勒冈州去印第安纳州的一个小镇度假时，博比不幸走失了。从此博比开始了它神奇、惊险而又极不平凡的旅程。博比用了 6 个月的时间，历尽千难万险，走过 1 500 千米路程，终于从印第安纳州回到了俄勒冈州的家，找到了它的主人。对于博比这次艰险的 1 500 千米旅程，很多人觉得简直难以置信。为了进一步证实这次旅程，俄勒冈州的"保护动物协会"主席返回到博比走失的原地点，勘查了这条小狗所走过的所有路径，访问了沿途许许多多见过、喂过、收留它住宿，甚至曾经捉过它的人，最后证实了这一切确实可信。

　　在人们都赞扬博比的忠诚、勇敢、坚毅的同时，科学家却想到了一个不可思议的问题：博比在几千千米外是怎么找到路回家的？当初他的主人是开车走的公路，博比并没有沿着它的主人往返的路线走，而它走的路与主人开车走过的路一直相距甚远。事实上，根据动物协会勘查的结果，博比所走过的几千千米路是它从来没有见过、没有嗅过，也

拓展阅读

心灵感应

　　心灵感应是一种大多数人认为存在的能力，此能力能将某些信息透过普通感官之外的途径传到另一个人的心中（或大脑）。这种信息在报导中往往描述为和普通感官接收的信息相同。

根本不熟悉的道路。对博比这次旅程经历研究的结果使人们相信，这条小狗之所以能回家，是靠着一种特殊的能力和感觉觅路的，这种本领与已知的犬类感觉完全不同。有人认为动物这种神秘的感觉和能力是一种人类尚未了解的超感知觉，或者称之为超常感。它指的是有些动物能够以超自然的感觉感知周围的环境，或者与某人、某事，或与其他动物之间有着心灵的沟通。然而，这种沟通似乎是通过我们人类并不知道又无法解释的某些渠道进行的。

动物的超常感，引起了世界各国科学家的重视，并做了大量的研究。科学家们发现，某些动物确实具有一些非常奇特的感觉本能，并能以独特的方式利用人类具有的五种感觉本能，还有一些动物的某些感官功能是我们人类完全没有的，或是我们现在还没能完全了解到的。

◀ 动物的思维之谜

在动物与人类共存的过程中，除了人有思维外，动物是否也有思维，这个问题，一直是动物学者们探讨和争论的热点。

说动物没有思维，但在实践上，很多动物的行为表现好像受到大脑的指挥。比如马戏团里的狗、鹦鹉、马、黑猩猩等，为观众表演节目会像演员一样表演得准确无误。骑兵在打仗受伤落马后，他的战马并不弃他而去，而是在他的主人身边转来转去，好像在想办法救它的主人。有一家人养了一只猫，它会记住主人上班的时间，每天早晨一到这个时间，它都会把主人弄醒。因此，他的主人说自从有了这只猫他再没有迟到过。另外，信鸽会送信，大鹅会看家。

你可能会觉得，这些家畜家禽同人接触多，受过训练。可在野生动物中，有的动物根本未受过训练，但它们的行为表现好像是通过大脑思维后才做出的。比如海豚搭救遇难的船员，它们为什么要救船员？没有经过思考能办到吗？再如大象群如果有同伴死了，它们会集体为它"葬死"，它们先挖坑，然后将死象埋葬。象的复仇心很强。有一家动物园里的雄性大象因不听话而被主人打过，它记恨在心，伺机复仇。有一天，机会终于来了，它拉了一堆粪便，主人看见后拿扫帚簸箕进去为它打扫，它乘机用长鼻将主人勒死。非洲的一只小象在亲眼看到它的母亲被猎人杀死后，被捕捉卖到马戏团里当了"演员"。之后它渐渐地长大了，但杀害母亲的仇人一直没忘。它利用每场演出绕场的机会巡视着观众。有一天，当它绕场时终于发现了那个仇人，它便不顾一切地冲到观众席上，用长鼻将仇人卷起摔在地上。

一只海鸥会帮管理人员拦挡游客进入禁地。有人看到猫头鹰在找不到树洞做窝时，会乘喜鹊不在时偷偷占据树洞归己所有。总之，在动物界中，有很多动物行为接近于人类。它们是否有思维，还尚待科学家进一步去研究。

动物识数之谜

动物能不能识别数字，人们对这个问题一直争论不休。科学家也试图通过实验来找到答案。而自然界中的许多动物又确实为人们提供了一些可以研究的机会。

有一个科学家做过一次实验。他请来 4 位拿枪的猎人来实验乌鸦，乌鸦看见拿枪的猎人来了，就躲到大树顶上，不飞下来。4 位猎人当着乌鸦的面躲进草棚。一会儿，走了一个猎人，乌鸦不飞下来；又走了一个猎人，乌鸦还不飞下来；可是第三个猎人走后，乌鸦就飞下来了。它大概以为猎人全走了。科学家因此怀疑，乌鸦识数能数到"3"。

美国有只黑猩猩，饲养员每次都喂它 10 根香蕉。有一次饲养员故意逗它，只给了它 8 根香蕉，黑猩猩吃完了，还去继续找饲养员要香蕉吃，饲养员又给它 1 根，它还不肯罢休，直到再给它 1 根，吃满了 10 根后的黑猩猩才心满意足地离去了。也许，黑猩猩确实"心中有数"。自然界的动物究竟能不能识数，它们是怎样数的？科学家对此十分感兴趣。

🔊 动物互助互爱之谜

在人类生活中，人们互相友爱，这是习以为常之事，因为人是有感情的高级动物。但是，在自然界的动物王国中，许多动物之间也有这种互助互爱的感情。

在一个动物园里，美国斯坦福大学的生物学家们发现一只名叫贝尔的雄性黑猩猩常常从地上拣起一根根小树枝并认真地摘掉枝上的叶子，站在或跪在另一只雄性黑猩猩身边，一只手扶着雄性黑猩猩的头，另一只手拿着光秃秃的小树枝，伸到雄性黑猩猩的嘴里剔去它牙缝中的积垢。原来它是用小树枝做"牙签"给雄性黑猩猩剔牙的！有时，贝尔找不到一个合适的"牙签"，就直接用手指给雄性黑猩猩剔牙。科学家们观察了 6 个月，发现几乎每一天，贝尔都会给别的猩猩剔 1 次牙，每次 3 ~ 15 分钟。

生活在草原上的白尾鹫，互敬互爱的行为更是让人敬佩。这种专门以野马等动物尸体为食的鸟类，在发现食物之后，会发出尖锐的叫声，把自己的同伴招来共享。吃的时候总是先照顾长者，让年老体弱的鹫先吃饱以后，其他鹫才开始吃。"家"里有幼鹫的母鹫，回"家"之后还会把吃下去的肉吐出来喂幼鹫。

斑马是成群活动的。它们在巡游觅食时，总有一只斑马担任警戒工作，以便在有危险时发出警报，通知同伴立即逃命。有时候，狮、虎等猛兽追得很紧，情况十分危急，斑马群中就会有一匹勇敢的斑马，毅然离群，义无反顾地单身与狮、虎搏斗，掩护同伴撤退。当然，这匹斑马很有可能最终成了猛兽的腹中之物。

不仅同类动物之间互帮互助，在不同类动物间也有这种行为。在非洲，曾有一只小羚羊和一头野牛结伴而行，羚羊在前走，野牛在后面跟着。每走几步，野牛便哀叫一声，小羚羊也回过头来叫一声，似乎在应答野牛的呼唤。假如小羚羊走得太快了，野牛就高喊一声，小羚羊马上原地立定，等那野牛跟上后再走。这是怎么回事呢？原来野牛眼睛害了病，红肿得厉害，已无法单独行动，小羚羊在为它带路。

河马见义勇为的精神，曾经使一位动物学家感叹不已。事情是这样的：在一个炎热的下午，一群羚羊到河边饮水，突然一只羚羊被凶残的鳄鱼捉住了，羚羊拼命抗拒可也无法逃命。这时，只见一只正在水里闭目养神的河马，向鳄鱼猛扑过去。鳄鱼见对方来势凶猛，只好放开即将到口的猎物，逃之夭夭。河马接着用鼻子把受伤的羚羊向岸边推去，并用舌头舔羚羊的伤口。有关动物互帮互助的例子不胜枚举，科学家们已经肯定动物之间有互助精神。那么动物为什么会有互助精神呢？有的科学家认为，动物的这种行为是自然选择的结果，因为在求生存的斗争中，一种动物间如果没有互助精神就很难生存与发展；也有的科学家认为，近亲多半有着同样的基因，同一种群动物的基因较为接近，因此会有互助精神。对于动物为什么会有互助精神这一问题，科学家们各执己见，至今没有一个完美的答案。

动物雌雄互变之谜

男变女、女变男，一般对人类来说是不可能的，即使是在高科技的今天，在医学手术的帮助下，变性也是一件不容易的事。但在生物界中，这却是一种司空见惯的现象。

人类对这种性逆转现象的研究首先是从低等生物———细菌开始的。在人的大肠里寄生着一种杆状细菌，被称为大肠杆菌。在电子显微镜下可以发现，大肠杆菌有雌雄之分，雌的呈圆形，雄的则两头尖尖。令人惊奇的是，每当雌雄互相接触时，都会发生奇异的性逆转，即雄的变为雌的，雌的变为雄的。后来经科学家研究，发现雌雄互变的媒介是一种叫"性决定素"的东西。当雌雄接触时，它们就将彼此的"性决定素"互赠给对方，从而改变了彼此的性别。

知识小链接

性　逆　转

在一定条件下，动物的雌雄个体相互转化的现象被称为性逆转。性逆转的动物主要是因为体内既有雄性生殖器官又有雌性生殖器官，只是一般会表现出一种，而当某些时候，被抑制的另一个器官被激发，从而显示另一种性别。据鱼类学家研究发现，鱼类中这种现象很多。

后来科学家们又发现，在比细菌高等的生物体上也存在性逆转现象，诸如沙蚕、牡蛎、红鲷、黄鳝、鳟鱼等。有人认为这些生物的原始生殖组织同时具有两种性别发展的因素，当受到一定条件刺激时，就能向相应的性别变化。

沙蚕是一种生长在沿海泥沙中，长得像蜈蚣一样的动物。当把两条雌沙蚕放在一起时，其中的一条就会变为雄性，而另一只却保持不变，但是，如果将它们分别放在两个玻璃瓶中，让它们彼此看不见摸不着，它们则都不变。

还有一种"一夫多妻"的红鲷鱼，也具有变性特征。当一个群体中的首领——唯一的那条雄鱼死掉或被人捉走后，用不了多久，在剩下的雌鱼中，其中一只身体强壮者，体色会变得艳丽起来，鳍变得又长又大，卵巢萎缩，精囊膨大，最终成为一条雄鱼而取代原来丈夫的地位。若把这一条也捉走，剩余的雌鱼又会有一条变成雄鱼。但是如果把雄红鲷鱼与一群雌红鲷鱼分别养在两个玻璃缸中，只要它们互相能看到，雌鱼群中就不能变出雄鱼来，但如果将两个缸用木板隔开，使它们互相看不见，雌鱼群中很快就变出一条雄鱼。这究竟是为什么，还是一个未解之谜。

有人对鱼类的"变性之谜"进行了研究，认为鱼类改变性别的目的，主要是为了能够最大限度地繁殖后代和使个体获得异性刺激。美国海洋生物学家认为，在一种雌鱼群或一种雄鱼群中，其中个头较大者，几乎垄断了与所有异性交配的机会。这样，当雌鱼较小时能保证有交配的机会，待到长大变成雄性时，又有更多的繁育机会，与性别不变的同类相比，它们的交配繁育机会就相对增加了。同样，在从雄性变为雌性的鱼类中，雌鱼的个体常大于雄体。雄鱼虽小，但成年的小雄鱼所带有的几百万精子，足够使再大的雌鱼所带的卵全部受精。另外这些雌鱼与成熟的无论个体大小的雄鱼都能交配。因此，它们小一点的时候是雄鱼，长大以后变雌鱼，不仅得到交配的双重机会，而且与那些从不变性的鱼类相比，又多产生一倍的受精卵，这对繁殖后代大有益处。

在动物界里频频发生的"变性"现象，至今仍没有一个令人满意的、科学的解释，还需要人类进一步的研究、探索。

动物能充当信使之谜

1815年，法国的拿破仑在滑铁卢战役中被击败。得胜的英军把写有这个消息的纸条缚在一只信鸽的脚上，结果这只信鸽飞越原野，穿过海峡，回到伦敦，第一个把胜利的消息送到了伦敦。鸽子当信使是早为人知的事，但狗、鸭等其他动物也能当信使就鲜为人知了。

其实，只要对狗加强训练，狗也可成为称职的信使。在法国巴黎，有些人在缴付报费后，每天准时派训练过的狗到附近的报亭中去取报。

　　美国著名的动物学家佛曼训练了一批野鸭，让它们把气象表和各种科学情报送到很远的地方去。这些野鸭还能将捆在爪子上的照片和稿件，送到报社。

　　有些动物之所以能从事传递信息工作，是因为人们利用其归巢的生活习性；而有些动物则要通过训练，让它们具有条件反射能力，才能胜任信使工作。那么，有些动物，比如鸽子，长途飞行为什么不会迷路呢？

　　有些科学家认为，鸽子两眼之间的突起，在长途飞行中，能测量地球磁场的变化。有人把受过训练的 20 只鸽子，其中 10 只的翅膀装了小磁铁，另外 10 只装上铜片，放飞的结果是：装铜片的鸽子在 2 天内有 8 只回家，可是带磁铁的鸽子 4 天后只有 1 只回家，且显得筋疲力尽。这说明小磁铁产生的磁场，影响了鸽子对地球磁场的判断，从而断定鸽子对飞行方向的判定的确与磁场有关。也有些科学家认为，鸽子能感受纬度，因此不会迷路。更多科学家认为，鸽子能感受磁场和纬度，它们用这些感受来辨别方向。科学家们不但对鸽子飞行为什么不迷路各持己见，而且对其他动物长途跋涉不迷路也是众说纷纭。谁是谁非，有待科学家们进一步研究。

基本小知识

磁　场

　　磁场是电流、运动电荷、磁体或变化电场周围空间存在的一种特殊形态的物质，是由运动电荷或电场的变化而产生的。对放入其中的磁体有磁力的作用的物质叫作磁场。磁场的基本特征是能对其中的运动电荷施加作用力，即通电导体在磁场中受到磁场的作用力。

动物的自疗之谜

自然界的野生动物受了伤，生了病，谁能给它们治疗呢？动物们有自己给自己治病的本领。有些动物会用野生植物来给自己治病。

春天来了，美洲大黑熊刚从冬眠中醒来，身体总是不舒服，精神状态也不好。它就去找点儿有缓泻作用的果实吃，把长期堵在直肠里的硬粪块排泄出去，这样黑熊的精神就振奋了，体质也恢复了常态，开始了冬眠以后的正常生活。

在北美洲南部，有一种野生的吐绶鸡，也叫火鸡。它长着一副古怪稀奇的脸，人们又管它叫"七面鸟"。别看它样子怪，它可会给自己的孩子治病了。当小吐绶鸡被大雨淋湿时，它们的"父母"会逼着它们吞下一种安息香树叶，来预防感冒。中医学上，安息香树叶是解热镇痛的。

热带森林中的猴子，假如出现了怕冷、战栗的症状，就是得了疟疾，它就会去啃金鸡纳树的树皮。因为这种树皮中含有奎宁，是治疗疟疾的良药。

贪吃的野猫如果吃了有毒的东西，就会急急忙忙去寻找葫芦草。这种苦味有毒的草含有生物碱，吃了以后引起呕吐，野猫在吐了之后，病慢慢地好了。看来，野猫还知道"以毒攻毒"的治疗方法呢。

在美洲，有人捉到一只长臂猿，发现它的腰上长着一个大疙瘩，人们以为它长了肿瘤，可仔细一看，才发现长臂猿受了伤，那个大疙瘩，是它自己敷的一堆嚼过的香树叶子。这是印第安人治伤的草药，长臂猿也知道它的疗效。

有一个探险家在森林里发现，一只大象在岩石上来回磨蹭，直到伤口上涂了一层厚厚的灰土和细砂。有些得病的大象找不到治病的野生植物，就吞下几千克的泥灰石。原来这种泥灰石中含钠、氧化镁、硅酸盐等矿物质，有治病作用。

　　温敷是医疗学上的一种消炎方法，猩猩却知道用它来治病。猩猩得了牙髓炎后，就会把湿泥涂到脸上或嘴里，等消了炎，再把病牙拔掉。

　　除此以外，许多动物还能给自己做"复位治疗"。黑熊的肚子被对手抓破了，内脏漏了出来，它就把内脏塞进去，然后再躲到一个安静角落里来"疗养"几天，等待伤口愈合。

　　倘若青蛙被石块击伤了，内脏从口腔里露了出来，它就始终张嘴待在原地不动，并慢慢吞进内脏，3 天以后，它的身体复原了，居然还能跳到池塘里捉虫子了。

　　动物自我治疗的本领，引发了科学家极大的兴趣。那么它们是怎么知道这些疗法的呢？现在还没有一个圆满的解释。

◉ 动物的肢体再生之谜

　　生物进化的过程，是一个"物竞天择"的过程。在大自然激烈的竞争中，生物具有了千奇百怪的本领，比如有一部分生物为了自卫，就像下象棋中的"丢卒保车"一样，可以舍弃身体中的某一部分，然后其身体里又会重新长出被丢掉的部分，这着实让人赞叹不已。

　　在处于险境时，壁虎可以折断尾巴，让丢弃的尾巴迷惑进攻者，自己则逃进洞穴，而没过多久，一条新的尾巴就从折断的地方长了出来。

　　兔子也有它独特的再生本领，当狐狸咬住兔子的皮毛时，它能弃皮而逃。兔子的皮跟羊皮纸一样薄，被扯掉皮的地方一点儿血也没有，而且伤口处会很快长出新皮毛。

　　还有海参，把内脏抛给"敌人"，留下躯壳逃生，不多久，它又再造出一副内脏。而海星更是分身有术，因为海星是以贻贝、杂色蛤、牡蛎为食，所以它是养殖业大敌，从事养殖的人非常讨厌海星，把它捉起来弄得粉身碎骨后再投入大海，结果却适得其反，每一块海星碎块都繁殖出了新海星。

趣味点击　再　生

生物学里的再生是指生物体对失去的结构重新自我修复和替代的过程。狭义地讲再生指生物的器官损伤后，剩余的部分长出与原来形态功能相同的结构的现象。

谈起动物界的再生之王，那就要数海绵了。海绵是最原始的多细胞动物，它的再生本领是无与伦比的。如果把海绵切成许许多多的碎块，抛入海中，非但不能损伤它们的生命，相反它们中的每一块都能独立生活，并逐渐长大形成一个新海绵。即使把海绵捣烂过筛，再混合起来，在良好条件下，只需几天时间，它们就可以重新组成小海绵个体。

研究动物的再生能力，无疑对探讨人的肢体再生有极大的启发，可是遗憾的是，至今人们并没有完全揭开动物再生之谜。

动物导航之谜

世界上许多动物有着奇异的远航能力。如生活在南美洲的绿海龟，每年6月中旬便成群结队地从巴西沿海出发，历时2个多月，行程2 000多千米，到达大西洋上的阿森松岛，在那里"生儿育女"以后又返回老家。2个月后小龟破壳而出，同样像他们的父母一样游回遥远的巴西沿海。

这种奇异的远航本领，鸟类可能更胜一筹。身长仅4厘米的北极燕鸥，每年在美国的新英格兰地区筑巢产卵育雏，到8月份便"携儿带女"飞往南方，12月份到达南极洲，到第二年春天，又飞回新英格兰地区，每年飞行距离达3.5万千米。

　　令人感兴趣的是许多与人类有密切关系的家养动物，也有远途外出而不迷路的能力。这些动物是凭借什么来辨别方向、认识路线的呢？科学家们利用蜜蜂和鸽子所做的动物导航实验，已经初步揭开了这两种动物导航的秘密。著名的诺贝尔奖金获得者、奥地利生物学家弗里希，曾在20世纪40年代，用一系列实验测出了蜜蜂的基本导航能力，证明了蜜蜂通常是利用太阳作为罗盘进行导航的，他指出、蜜蜂就是以太阳作为参考点，通过"舞蹈"告诉其他蜜蜂如何到达它发现的花源地。

　　通过对信鸽的实验，进一步证明了动物的远航是以太阳为罗盘进行导航的。科学家曾做过一个实验：将一群鸽子关在离家以西160千米的屋里，中午时打开电灯模拟黎明，然后放出鸽子，它们以为这是黎明，太阳在东方，其实此时的太阳却在南方，

你知道吗

罗　盘

　　罗盘是理气宗的操作工具，主要由位于盘中央的磁针和一系列同心圆圈组成，每一个圆圈都代表着中国古人对于宇宙大系统中某一个层次信息的理解。

鸽子看到太阳后就根据太阳来导航而飞向南方，它们还以为这是向东方的家飞呢。

　　蜜蜂和鸽子不仅在有太阳的时候能顺利导航，就是在没有阳光的阴天也能准确地返回自己的家园。因此可以推测，它们可能有另外一套导航系统。科学家们首先通过实验发现蜜蜂对磁场很敏感。美国科学家沃尔科特曾做过一个实验，他给鸽子带上一个小头盔，可以精确地控制每只鸽子飞行时的磁场。晴天时鸽子均能正常返回，而遇到阴天，当控制头盔产生一个北极朝上的磁场时，鸽子就飞不回来；如果产生一个南极朝上的磁场时，鸽子又可直接飞回，这就证明鸽子是利用磁北极导航的。

　　科学家们的实验，虽然已初步揭示了蜜蜂和鸽子导航的秘密，但是太阳、星星的位置会随时间而变化，即使是地磁场的强度也会有变化。那么鸽子和

蜜蜂是怎样根据变化而调整自己的导航行为，至今尚无人知晓。加上动物种类繁多，海龟、北极燕鸥以及大蝴蝶等能远航的动物，是凭借什么回到自己的老家的，这些都是尚未揭开的秘密。

▶ 动物冬眠之谜

冬眠，是某些动物抵御寒冷、维持生命的特有本领。冬眠时，它们可以几个月不吃不喝，也不会饿死。最令人不可思议的是，母熊竟在冬眠期间生育。

对动物冬眠的现象，科学家进行了几个世纪的研究。他们发现，动物皮层下有白色脂肪层，可以防止体内热量散发。在冬眠动物的肩胛骨和胸骨周围还分布有褐色脂肪，好像电热毯一样，产生热量的速度比白脂肪产生热量的速度快20倍，而且环境温度越低，热量产生越快。当气温下降时，冬眠动物的感觉细胞向大脑发出信息，刺激褐色脂肪里的交感神经，使动物的体温刚好保持在免于冻死的水平。

人们虽然已经了解了动物的生理变化，可是，究竟是什么原因促使动物冬眠呢？黑熊在进入冬眠约一个月之前，每24小时就有20小时在吃东西，每天摄取的热量从29.26千焦增加到83.6千焦，体重也增加超过45.4千克。看来，这些都是受动物准备冬眠的一种或几种激素所控制的，也就是说，冬眠动物的体内有一种能诱发自然冬眠的物质。

为证实以上推测，科学家曾对黄鼠进行实验。他们把冬眠黄鼠的血液注射到活动的黄鼠的静脉中去，然后把活动的黄鼠放进7℃的冷房间。几天之后，它们就进入了冬眠。这些实验表明了诱发自然冬眠物质存在的可能性。

人们又从冬眠动物的血液中分离出血清和血细胞，并分别注射到两组黄鼠体内，不久它们也都冬眠了。人们还用血清过滤后得到的过滤物质和残留物质，分别给黄鼠注射，发现只有过滤物质才引起冬眠。人们从中得到启示：诱发冬眠的物质是血清中极小的物质。有趣的是，用冬眠旱獭的血清诱发黄鼠冬眠效果最好，不论是冬天或夏天，都能诱发黄鼠进入冬眠。

因此，人们得出初步结论：形成冬眠不光是决定于诱发物，还决定于诱发物和抗诱发物之间的互相作用。动物是全年在制造诱发物的，而抗诱发物只是在春季一段时间才产生。秋冬季节，诱发物多了，就促进了动物冬眠；到了春季，抗诱发物多了，抑制了诱发物，动物就从冬眠中苏醒过来。动物冬眠的研究虽然取得了一些进展，但还有许多奥秘没有被揭示。

▷ 动物季节迁飞之谜

每年秋天，成群的大雁在高空排成整齐的队伍，向着遥远的南方飞去。到了第二年春天，大雁又会沿着原路，准确无误地飞回来。这种依季节不同而变更栖息地的习性，叫作季节迁飞。有这种习性的鸟，叫候鸟。像大雁、燕子等都是候鸟。

候鸟每年的迁飞时间、路线几乎不变。更奇特的是，有的候鸟，如金丝燕，在第二年返回家乡时，还能找到它们往年住过的"老房子"，并在这座"房子"里继续生活下去。

除候鸟外，有些昆虫也有迁飞习性。美洲有一种体形美丽，被喻为百蝶之王的蝴蝶——君主蝶，每年秋天便成群地从北美向南飞行，行程达 3 000 多千米。它们在墨西哥、古巴、巴哈马群岛和加利福尼亚南部过冬，到了第二年春天便逐渐向北迁移。它们在途中进行繁殖，产卵后自己就死亡了，卵化出的新一代君主蝶重新飞往南方过冬。就这样一代接一代地传下去。

为什么有些鸟类和昆虫具有这种迁飞的本领？在迁飞过程中靠什么定向？这些问题是十分有趣和难解的。短距离飞行可以用视觉定向，但长距离飞行单靠视觉就不够了。

科学家推测，鸟类可能以太阳的位置作为定向的罗盘。如果是这样，那么它们必须补偿因太阳位置移动而引起的那部分时差。因此，科学家认为，候鸟体内可能有一种能够精确计算太阳移位的生物钟，能对白天的时间进行校对。那么夜间如何定向呢？一个非常合理的推论是：它们利用星星定向。可是没有星星的夜晚，它们仍照飞不误，那又是根据什么定向呢？因此有人认为，它们有可能利用地球的磁场、偏振光、气压、气味等来进行定向。

对于蝴蝶的季节迁飞，科学家认为，可能同遗传因素有关。蝴蝶季节迁飞的研究才刚刚开始，科学家期待着更多更有趣的发现。

动物集体自杀之谜

1946 年 10 月，在阿根廷马德普拉塔海滨浴场，有 830 多头鲸集体自杀。1979 年 6 月、9 月和 1980 年 6 月，在美国的弗兰斯海滩、澳大利亚新南威士州北部和新西兰的海边，先后发现有近百头巨鲸冲上海滩，集体自杀。对鲸类集体自杀的原因，说法不一。有的人认为鲸在深海中生活，全靠身上的声呐定位系统来辨别方向、寻找食物。声呐不断发出超声波，超声波遇到水中其他物体时，被反射回来，鲸根据反射回来的超声波来决定自己的行动。鲸游到浅海域，由于海滩的轻度斜坡和海岸地形的影响，使其声呐定位系统变得紊乱。鲸是群居性动物，它们从不舍弃处在困难中的同伴，当最先冲上海滩的鲸发现自己遇难时，就向其他鲸发出求救信号，众鲸立即前去营救，结果导致集体遇难。有的人则认为，鲸搁浅死亡，是由于其耳朵内生有许多寄生虫。这些寄生虫破坏了耳内的感觉身体位置和上下、左右、前后运动方向的平衡器官，使鲸的声呐定位系统受到破坏，从而导致鲸的集体自杀。另一些人则认为，鲸冲上海滩后，会发出一种死亡腺外激素，这种信息被其他鲸接受后，会触发同伴们的死亡腺外激素的迅速分泌使鲸的同伴大批死亡。还有人认为，鲸的集体自杀跟太阳异常活动有关。当太阳出现黑子、日珥、耀斑的时候，射向地球的光辐射和高能带粒子流剧增，地球上磁场的强度和方向往往发生不规则的变化，电离层也出现扰动现象，使鲸的声呐系统受到干扰而失灵，导致鲸的集体自杀。

当人们对鲸集体自杀的原因众说纷纭时，30年后再次发生了动物自杀事件。1976年10月，在美国科得角湾沿岸辽阔的海滩上，突然出现成千上万的乌贼。它们争先恐后涌上岸来，进行集体自杀。不到一个月，在大西洋沿岸的美国卡罗尼那州的哈特勒斯角，加拿大的拉布拉多半岛和纽芬兰岛，也先后发生了数以万计的乌贼，登陆集体自杀的事件。这么多的乌贼为什么要集体登陆自杀？说法不一。有人认为，乌贼自杀可能是海洋受到污染。但这种推想受到不少人反对。反对者认为，近年海洋虽然遭到一些污染，但范围不大，不会影响乌贼生活的海域。而且，对自杀的乌贼解剖，在其体内也没发现有毒物质的积累。有人怀疑乌贼感染了传染病，由于不堪忍受病魔的缠扰而集体自杀。科学家对自杀乌贼进行了解剖，没发现病变症状。有人把"自杀未遂"的乌贼放在盛有海水的玻璃缸里饲养，结果，这些乌贼仍健康地生活着。还有人认为，乌贼集体自杀也许跟海洋中的次声波有关，认为次声波是杀害乌贼的根由。可是，也有人对这个假说表示怀疑：海洋中次声波通过什么对乌贼进行危害？那么辽阔的大西洋，次声波怎么能持续2个多月呢？总之，对乌贼集体自杀的原因，还没有真正搞清楚，仍有待进一步的研究。